U0821314

装配式建筑技术工人系列丛书

# 灌浆工

王金卿　时建明　主　编
朱　峰　潘正良　副主编

中国财经出版传媒集团
中国财政经济出版社

图书在版编目（CIP）数据

灌浆工／王金卿，时建明主编．--北京：中国财政经济出版社，2021.11

装配式建筑技术工人系列教材

ISBN 978-7-5223-0306-2

Ⅰ.①灌… Ⅱ.①王… ②时… Ⅲ.①灌浆-施工技术-技术培训-教材 Ⅳ.①TU755.6

中国版本图书馆CIP数据核字（2021）第180533号

策划编辑：李昊民　　责任印制：张　健

责任编辑：王芝文　刘孺泾　　责任校对：胡永立

中国财政经济出版社 出版

**URL**：http：//www.cfeph.cn

E-mail：cfeph@cfeph.cn



社址：北京市海淀区阜成路甲28号　邮政编码：100142

营销中心电话：010-88191522

天猫网店：中国财政经济出版社旗舰店

网址：https：//zgczjjcbs.tmall.com

北京财经印刷厂印刷　各地新华书店经销

成品尺寸：170mm×240mm　16开　13.75印张　179 000字

2022年9月第1版　2022年9月北京第1次印刷

定价：42.00元

ISBN 978-7-5223-0306-2

（图书出现印装问题，本社负责调换，电话：010-88190548）

本社质量投诉电话：010-88190744

**打击盗版举报热线：010-88191661　QQ：2242791300**

# 丛书序

新型建筑工业化有别于20世纪50年代兴起、80年代到达高峰的，以大板建筑和新型墙体改革为代表的建筑工业化。新型建筑工业化应当坚持以信息化带动工业化，以工业化促进信息化，走出一条科技含量高、经济效益好、资源消耗低、环境污染少、人力资源优势得到充分发挥的多快好省的发展道路。新型建筑工业化是在可研、设计、生产、施工和运营等诸多环节形成成套集成生产技术的基础上，实现建筑产品节能、环保、全寿命周期价值最大化的可持续发展的建筑生产方式。

新型建筑工业化的基本内容包括：(1) 资源配置市场化。各类建筑生产要素一律通过市场（现货或者期货）解决，如资金、设备、材料、机具、劳动力等，非必要情况下行政力量不介入市场活动，要改变施工企业大量存储生产要素的问题，解决企业内部生产要素模拟市场化的历史遗留问题。(2) 软件设计标准化。建筑工程分解后的任何一个单元，无论是标准件还是异型件，均可通过标准的软件设计来完成，最后形成一个既符合工厂产品生产要求，同时也满足现场施工需要的建筑工程体系。(3) 建筑结构模数化。组成建筑工程体系的最小单元具有不同功能和形状，单元不同组合将产生不同的结构模式，按照一定的规则和程序将不同单元组合在一起，或者按照有机原则排列组合形成的单元之和称为模数。(4) 部品生产工厂化。严格意义上讲，建筑结构实现了按照模数生产，建筑工程体系则是工厂化产品的主要形式，而构成建筑工程体系的单元产品则只是产品生产的补充，由于工程结构的变化带来工程体系技术含量的增加和结构形式的变化，势必造成产品生产企业服务的延伸，从而催生工程总承包企业迅猛发展。(5) 作业队伍专业化。装配式建筑改变了建筑生产方式，施工方式的改变导致非专业化队伍难以胜任，这就要求施工作业队伍必须走“专、精、特、新”发展道路，同时政策引导和市场细分也应跟进。(6) 施工现场装配化。一个产品技术含量越高，研发过程越复杂，操作就应该越简单、便捷，装配式建筑体系亦是如此。因此，一方面要摒弃传统施工方式，另一方面所有现场组装的建筑工程体系中技术含量部分均应提前在产品研发阶段完成，现场就是按照一定的规则和顺序简单地拼装。

“装配式建筑技术工人系列教材”由11个分册组成，即：《新型建筑工业化发展概论》《构件制作工》《构件装配工》《钢筋加工配送工》《内装部品组装工》《预埋工》《灌浆工》《打胶工》《装配式建筑案例解析》《AI

助力装配式建筑发展》《法律法规选编》。

《新型建筑工业化发展概论》厘清了历史发展脉络，反映了历史发展进程中重要事件和人物，揭示了世界前沿理论和实践成果；《AI助力装配式建筑发展》落脚于房屋建筑工程，适当增加了VR/AR、IOT、3D打印和机器人等相关内容，充分发挥AI对装配式建筑的引领和推动作用；《装配式建筑案例解析》立足于建设工程全生命周期，突出装配式建筑设计和施工阶段建模和项目管理，推动企业数字化改造并保持与人工智能的有机衔接；《法律法规选编》收录了相关政策法规、标准规范，以加强对装配式建筑工程实践的指导。

《构件制作工》《构件装配工》《钢筋加工配送工》《内装部品组装工》《预埋工》《灌浆工》和《打胶工》等技术工人教材，分为章、节、目、条。教材以条为对象进行展开细化，将主要施工环节、技术要点、工法和标准规范要求囊括其中，分条描述符合法律法规、施工图设计、技术标准和操作规程的施工流程、工序搭接和施工结果。书中也适当穿插了一些案例，以增强教材的生动性和可读性。

由于编者水平有限，谬误之处在所难免，敬请读者批评指正。

**缪长江**

2021年8月

# 前言

随着近几年对装配式建筑的摸索和实践，全国建筑行业在国家和地方政策的持续推动下兴起了装配式建筑的热潮。住房和城乡建设部发布的《“十三五”装配式建筑行动方案》中提出，到2020年全国装配式建筑占新建项目的比例达到15%以上，鼓励各地制定更高的发展目标。建立健全装配式建筑政策体系、规划体系、标准体系、技术体系、产品体系和监管体系，形成一批装配式建筑设计、施工、部品部件规模化生产企业和工程总承包企业，形成装配式建筑专业化队伍，全面提升装配式建筑质量、效益和品质，实现装配式建筑全面发展。

今后会有更多的装配式建筑展现在人们面前，建筑业正从传统映像的高耗能、粗犷型生产方式转变为以标准化设计、工厂化生产、装配化施工、一体化装修和信息化管理，能实现建筑产品节能、环保、全周期价值最大化的可持续发展的新型建筑生产方式。建造方式的转变必然带来全新的、系统的基础理论知识，以及更先进的技术和施工方法，因此培养适应目前装配式建筑发展需求的技术工人和管理人才是装配式建筑健康发展的必要基础。

本教材着重点是针对装配式建筑工人中灌浆工的专业操作特点和多年的实际操作经验进行编制的，教材主体共七章，重点突出、由浅入深、内容精炼、图文并茂，紧扣人机实际操作，能够满足工人的具体灌浆操作要求。教材第一章、第二章、第三章由王金卿、朱峰完成；第四章、第五章、第六章由潘正良、时建明完成；第七章由朱峰完成；题库由王金卿、时建明完成。教材从基础知识入手，讲解法律、装配式结构体系、识图基础、灌浆连接及材料的基本知识。继而讲解灌浆具体的操作内容，包括灌浆施工前的准备工作、关于流程和灌浆连接的控制要点、常见灌浆问题的处理方式。教材最后是质量检查验收和安全文明的施工要求。

本教材参考大量现有的装配式建筑书籍，借鉴其经典叙述内容，在此表示由衷感谢。由于教材编辑时间和人员的水平有限，加之我国目前装配式建筑起步时间较短，很多课题正在实践和探索。书中存在的不足之处，恳请读者和专家、学者提出批评和指正，我们由衷地表示感谢。

编　者

2020 年 12 月 31 日

# 目录

# 第一章

# 灌浆工种基本概述

## 第一节

## 工种定义

灌浆工是指在预制装配式建筑施工过程中，使用机械或手动工具，根据钢筋套筒灌浆连接应用技术规程、项目工程施工方案及灌浆工艺的要求，将钢筋套筒用灌浆料灌注入套筒，进行钢筋灌浆套筒接头有效连接的施工操作人员。

无论什么材质的套筒、什么形式的灌浆，其主要的工作原理都是通过有效的灌浆作业方式连接钢筋，通过硬化的灌浆料连成一体，共同组成一个有效的浆锚接头。钢筋接头为灌浆连接的具体表达，而灌浆料是重要的填充连接材灌浆套筒就是承载这种形式一个壳，我们把填充这个壳的过程称为灌浆，完成这个作业和检测试件的人称为灌浆工。

## 第二节

## 灌浆工操作内容简述

灌浆工操作时，应了解套筒结构和分类，分清楚灌浆对应的工艺区别，读懂图纸、计算图料。在需要灌浆的构件吊装前进入工作状态，根据灌浆构件的型号做好灌浆前的准备工作，如灌浆时气温的测定、灌浆机具的准备、灌浆料的准备；构件吊装开始时进行灌浆区域清理找平、构件的坐浆封缝、灌浆区域的分仓等工作。整个楼层构件吊装工作完成后，灌浆工根据项目对构件灌浆技术交底内容进行有序的灌浆作业。

整个灌浆作业过程中，灌浆工要接受技术人员、监理单位的监督，现场进行影像记录和作业记录，操作人员要对灌浆质量的重要性形成充分的认识。

灌浆操作时间：在预制墙板校正后、预制墙板两侧现浇部分合模前。

预制墙板就位并经过校正微调后，方可开始灌浆操作，灌浆时需提前对灌浆面洒水湿润且不得有明显积水，灌浆应根据灌浆分区分段同时先从灌浆孔处灌入，待灌浆料从其他灌浆孔溢出，表示预制墙板底 20mm 灌浆缝灌满。

预制墙板灌浆套筒灌浆，从灌浆套筒底部 PVC 灌浆孔依次灌入，待其对应的上部 PVC 溢流孔冒出灌浆料时表示灌浆筒中已灌满，灌满后使用软木塞将灌浆孔和溢流孔封堵严实。

灌浆施工过程中，需制作同条件试块与标齐试件。灌浆料需留置同条件试块，每楼每层留置一组试块，每组 3 块，试块规格为 40mm × 40mm × 160mm；灌浆操作每完成 500 个钢筋连接套筒制作一组试件，每组试件 3 个接头，试件留置时，需在安放架上操作以完成灌浆，并进行 28 天标养。操作示意如图 1－1 所示。

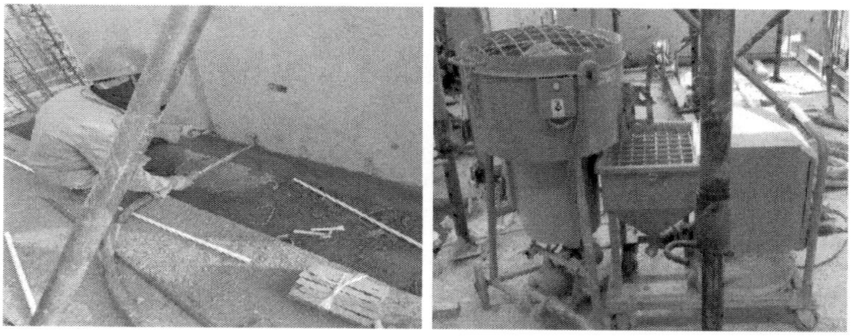

**图 1－1　灌浆操作示意**

灌浆完毕，立即清洗搅拌机、搅拌桶、灌浆筒等器具，以免灌浆料凝固导致清理困难。注意灌浆筒需每灌注完成一筒后清洗一次，清洗完毕方可再次使用。所以，在每个班组灌浆操作时必须至少准备两台灌浆设备，其中一台备用。

灌浆完成后 4 小时之内，预制墙板不得受到震动。

## 第三节

## 灌浆工作的基本程序

装配基本程序：工人专业专项培训→型式试验→工艺试验→模拟灌浆→首端（实体）试灌→首层灌浆。

灌浆的基本程序一般为：工作面清理→分仓与接缝封堵→灌浆料制备→灌浆料检验→灌浆连接→灌浆后节点保护。

# 第二章

# 灌浆工种基础理论知识

## 第一节

## 法律、法规、标准

灌浆质量直接影响整体装配式建筑的安全可靠性，灌浆工应明确按照操作行为的一次性且不可逆的特点，从思想上重视其所从事的灌浆操作，按照法规、标准的要求进行规范操作，提高责任意识。灌浆工需要了解的法律、法规、标准有以下的主要内容（见表2－1）。

**表2－1　　主要的法律、法规、标准**

| 序号 | 知识类型 | 名称 | 编号 |
|---|---|---|---|
| 1 | 法律、条例 | 《中华人民共和国建筑法》 | — |
| | | 《中华人民共和国劳动合同法》 | — |
| | | 《建设工程安全生产管理条例》 | — |
| | | 《建设工程质量管理条例》 | — |

续表

| 序号 | 知识类型 | 名称 | 编号 |
| --- | --- | --- | --- |
| 2 | 国家、行业规范 | 《混凝土结构工程施工质量验收规范》 | GB 50204—2015 |
| | | 《混凝土结构工程施工规范》 | GB 50666—2011 |
| | | 《装配式混凝土建筑技术标准》 | GB/T 51231—2016 |
| | | 《混凝土结构设计规范》 | GB 50010—2010 |
| | | 《建筑抗震设计规范》 | GB 50011—2010 |
| | | 《装配式建筑评价标准》 | GB/T 51129—2017 |
| | | 《钢筋混凝土用钢 第 2 部分：热轧带肋钢筋》 | GB 1499. 2—2018 |
| | | 《水泥基灌浆材料应用技术规范》 | GB/T 50448—2015 |
| | | 《普通混凝土拌合物性能试验方法标准》 | CB/T 50080—2016 |
| | | 《钢筋混凝土用余热处理钢筋》 | GB 13014—2013 |
| | | 《预拌砂浆》 | GB/T 25181—2020 |
| | | 《水泥胶砂强度检验方法》 | GB/T 17671—2020 |
| | | 《钢筋混凝土用钢材试验办法》 | GB/T 28900—2012 |
| | | 《装配式混凝土结构技术规程》 | JGJ 1—2014 |
| | | 《钢筋连接用灌浆套筒》 | JG/T 398—2020 |
| | | 《钢筋连接用灌浆套筒灌浆料》 | JG/T 408—2020 |
| | | 《钢筋套筒灌浆连接应用技术规程》 | JGJ 355—2015 |
| | | 《钢筋机械连接技术规程》 | JGJ 107—2019 |
| | | 《水泥基灌浆材料》 | JC/T 986—2018 |
| | | 《混凝土用水标准》 | JGJ 63—2006 |
| | | 《预拌砂浆应用技术规程》 | JGJ/T 223—2019 |
| 3 | 图集、标准 | 《装配式混凝土剪力墙结构住宅施工工艺图解》 | 16G906 |
| | | 《装配式混凝土结构预制构件选用目录》 | 16G116—1 |
| | | 《装配式混凝土结构连接节点构造》 | G310—1 ~ G310—2 |
| | | 《装配式混凝土结构连接节点构造（剪力墙结构）》 | 15G310—2 |
| | | 《预制混凝土剪力墙外墙板》 | 15G365—1 |
| | | 《预制混凝土剪力墙内墙板》 | 15G365—2 |
| | | 《预制钢筋混凝土板式楼梯》 | 15G367—1 |
| | | 《预制钢筋混凝土阳台板、空调板及女儿墙》 | 15G368—1 |

目前，各省、地区在国家对装配式建筑大力支持下，也相继出

台了符合地方特点的装配式建筑地方法规和标准，灌浆工在各地区进行灌浆操作时应在符合国家和行业标准上满足地方标准要求。

## 第二节 装配式结构体系概述

建筑物的整个建造过程可以分为：地基与基础工程施工、主体工程施工、安装工程施工、装饰装修工程施工等。建筑物的主体工程又可以分为主体结构和围护结构两大部分。

建筑物的主体结构按照受力方式分类，主要有：框架结构、剪力墙结构、框架—剪力墙结构、排架结构、框剪结构、筒体结构等。按照这样的分类，设计人员可以针对建筑物所承受的结构自重及外部荷载，进行整体结构分析，从而得出建筑结构每一具体位置所受的内力数值。

建筑物的主体结构按照组成材料分类，可分为：混凝土结构（按照预制率的不同，可分为全装配、装配整体式、现浇混凝土结构）、钢结构、混合结构等（见表 2－2）。

表 2－2　主体结构按照组成材料分类

| 材料<br>受力形式 | 混凝土结构 | | 钢结构 | 混合结构 |
|---|---|---|---|---|
| | 混凝土（全线浇） | 预制混凝土（PC） | | |
| 框架结构 | 混凝土框架结构（全线浇） | 装配整体式混凝土框架结构 | 钢框架结构 | 混凝土柱钢梁框架结构 |
| 剪力墙结构 | 混凝土剪力墙结构（全现浇） | 装配整体式混凝土剪力墙结构 | — | 钢骨混凝土剪力墙结构 |

续表

| 受力形式＼材料 | 混凝土结构 | | 钢结构 | 混合结构 |
|---|---|---|---|---|
| | 混凝土（全线浇） | 预制混凝土（PC） | | |
| 框架—剪力墙结构 | 混凝土框架剪力墙结构（全现浇） | 装配整体式混凝土框架剪力墙结构 | 钢框架钢斜撑结构 | 钢框架混凝土剪力墙结构 |
| 排架结构 | 混凝土排架结构（全现浇） | 装配整体式排架结构 | 门式刚架 | 混凝土柱钢屋架排架结构 |

采用不同的建筑材料与结构受力方式，构成了更加丰富的结构形式种类，如混凝土框架结构、混凝土剪力墙结构、混凝土框架剪力墙结构、混凝土排架结构等；也可以是钢框架结构、钢排架结构等。

混合结构是最近十余年新出现的新型结构形式。混合结构既采用混凝土构件，也采用钢构件。充分发挥型钢和混凝土两种材料的优点，在超高层建筑中得到广泛应用，进一步拓展了建筑结构的适用范围。

预制混凝土构件的采用引起了建筑业的一场深刻变革，引发了建筑产业化的兴起。装配整体式结构既采用预制混凝土构件，也采用现浇混凝土叠合后浇。通过采用工业化的手段，从而达到节约人工、提高施工速度、绿色施工的目标。2014 年 10 月 1 日，国家颁布实施了《装配式混凝土结构技术规程》JGJ 1—2014、《装配式混凝土建筑技术标准》GB/T 51231—2016 等，为装配式结构的应用和发展提供了广泛前景。

# 第三节
# 常用结构形式分类

建筑物的主体结构可按照两种方式进行分类：一是按照受力方式分类，常用的有框架结构、剪力墙结构、框架—剪力墙结构和排架结构等；二是按照建筑材料分类，常用的有现浇混凝土结构、装配式钢筋混凝土结构、钢结构和混合结构等。

## 一、根据受力方式分类

### （一）框架结构

1. 框架结构的组成

框架结构是由梁和柱连接而成的，梁柱连接处的框架节点通常为刚接。为利于结构受力，框架梁宜拉通、对直，框架柱宜纵横对齐、上下对中，梁柱轴线宜在同一竖向平面内。

2. 框架结构的建筑平面布局

框架结构的平面布置既要满足生产施工和建筑平面布置的要求，又要使结构受力合理、施工方便，以加快施工进度、降低工程造价。

建筑设计及结构布置时既要考虑到建筑结构的模数化、标准化，又要考虑到构件的长度和质量，使之满足吊装、运输设备的限制条件，并尽量减少预制构件的规格种类，提高模具的利用率，以满足工厂化生产及现场装配的要求、提高生产和现场装配效率。

柱网尺寸宜统一，跨度大小和抗侧力构件布置宜均匀、对称，尽量减小偏心，减小结构的扭转效应，并应考虑结构在竖向荷载作用下内力分布均匀合理，各构件材料强度均能得到充分利用。设计应根据建筑使用功能的要求，结合结构受力的合理性、经济性、方便施工等因素确定。

3. 框架结构的竖向布置

框架沿高度方向各层平面柱网尺寸宜相同，框架柱宜上下对齐，尽量避免因楼层某些框架柱取消而形成竖向不规则框架，如因建筑功能需要造成不规则时，应视不规则程度采取加强措施，如加厚楼板、增加边梁配筋等。

框架柱截面尺寸宜沿高度方向由大到小均匀变化，混凝土强度等级宜和柱截面尺寸错开楼层变化，以使结构侧向刚度均匀变化。同时应尽可能使框架柱截面中心对齐，或上下柱仅有较小的偏心。

4. 结构的体型规则性

平面和立面不规则的体型，在水平荷载作用下，由于体型突变，受力比较复杂，因此建筑体型在平面及立面上应尽量避免部分突出及刚度突变。若不能避免时，则应在结构布置上局部加强。平面上有突出部分的房屋，应考虑到突出部分在地震力作用下由局部震动引起的内力，沿突出部分两侧的框架梁、柱要适当加强。

### （二）剪力墙结构

1. 剪力墙结构的特点

用钢筋混凝土剪力墙（用于抗震结构时也称“抗震墙”）承受竖向荷载和抵抗侧向力的结构称“剪力墙结构”，也称“抗震墙结构”。

剪力墙结构整体性好，承载力及侧向刚度大。合理设计的剪力墙结构具有良好的抗震性能。在历次地震中，剪力墙的震害一般比较轻。剪力墙结构适用于多层、高层住宅及高层公共建筑。

2. 剪力墙的结构布置

装配整体式剪力墙的结构布置要求与现浇剪力墙基本一致，宜简单、规则、对称，不应采用不规则的平面布置。

剪力墙在平面内应双向布置，沿高度方向宜连续布置。剪力墙一般需要开洞作为门窗，洞口宜上下对齐，成列布置，形成具有规则洞口的联肢剪力墙，避免出现洞口不规则的错洞墙。

高层装配整体式剪力墙结构的底部加强部位一般采用现浇结构，顶层一般采用现浇楼盖结构，这保证了结构的整体性。高层建筑可设置地下室，这提高了结构在水平力作用下的抗滑移、抗倾覆的能力；地下室采用装配整体式并无明显的成本和工期优势，采用现浇结构既可以保证结构的整体性、又可以提高结构的抗渗性能。

剪力墙等预制构件的连接部位宜设置在构件受力较小的部位，预制构件的拆分应便于标准化生产、吊装、运输和就位，还应满足建筑模数协调、结构承载能力及便于质量控制的要求。

### （三）框架—剪力墙结构

装配整体式框架—剪力墙结构布置原则：装配整体式框架—剪力墙结构要符合对装配整体式框架的要求，剪力墙宜对称布置，各片墙的刚度宜接近，长度较长的剪力墙宜设置洞口和连梁形成双肢墙或多肢墙，各层每道剪力墙承受的水平力不宜超过相应楼层总水平力的40%，抗震设计时结构两主轴方向均应布置剪力墙，梁与柱、柱与剪力墙的中心线宜重合，当不能重合时，在计算中应考虑其影响，并采取加强措施。

### （四）排架结构

柱与屋架（或屋面梁）采用铰接连接形成的一种结构体系，简称“排架结构”。柱列的纵向（连同其基础）用吊车梁、连系梁、柱间支撑等构件联系。排架结构根据所采用材料的不同，主要分为现浇混凝土排架结构、预制混凝土排架结构和钢排架结构等。

排架结构主要由排架柱、屋盖、外围护墙、支撑体系、基础等组成。

## 二、根据建筑材料划分

### （一）现浇混凝土结构

在现场原位支模并整体浇筑而成、以混凝土为主制成的结构。

1. 材料选用

混凝土是指由胶凝材料、骨料和水（或不加水）按适当的比例配合、拌合制成混合物，经一定时间硬化而成的人造石材。

钢筋分为普通钢筋和预应力钢筋。普通钢筋是用于混凝土结构构件中的各种非预应力钢筋的总称。预应力钢筋是用于混凝土构件中施加预应力的钢丝、钢绞线和预应力螺纹钢筋等的总称。

2. 钢筋的锚固

钢筋与混凝土之间的共同作用，依靠钢筋与混凝土的握裹力实现。为了保证钢筋与混凝土之间的握裹力，钢筋需要在混凝土中具有一定的锚固长度。锚固长度就是受力钢筋依靠其表面与混凝土的粘结作用或端部构造的挤压作用而达到设计承受应力所需的长度。

3. 钢筋的连接

钢筋通过绑扎搭接、机械连接、焊接等方法实现钢筋之间内力传递的构造方式。

4. 基本规定

混凝土结构设计应包括如下内容。

（1）结构方案设计，包括结构选型、构件布置及传力途径；

（2）作用及作用效应分析；

（3）结构的极限状态设计；

（4）结构及构件的构造、连接措施；

（5）耐久性及施工的要求；

（6）满足特殊要求结构的专门性能设计。

### （二）装配式钢筋混凝土结构

装配式钢筋混凝土结构是由预制混凝土构件通过可靠的连接方式装配而成的混凝土结构，包括装配整体式混凝土结构、全装配混凝土结构等。在建筑工程中，其简称“装配整体式混凝土结构”；在结构工程中，其简称“装配式结构”。

1. 材料选用

混凝土、钢筋和钢材的力学性能指标和耐久性要求等应符合现行国家标准《混凝土结构设计规范》GB 50010—2010 和《钢结构设计规范》GB 50017 的规定。

钢筋的选用应符合现行国家标准《混凝土结构设计规范》GB 50010的规定，普通钢筋采用套筒灌浆连接和浆锚搭接连接时，钢筋应采用热轧带肋钢筋。

2. 连接方式

装配式钢筋混凝土结构，除了采用传统的焊接、螺栓连接、锚栓连接，还采用了钢筋套筒灌浆连接、浆锚搭接连接等新型连接方式。

钢筋套筒灌浆连接接头采用的套筒应符合现行行业标准《钢筋连接用灌浆套筒》JG/T 398 的规定，灌浆料应符合《钢筋连接用套筒灌浆料》JG/T 408 的规定。

连接用焊接材料、螺栓和锚铨等紧固件的材料应符合国家标准《钢结构焊接规范》GB 50661 和《钢筋焊接及验收规程》JGJ 18 等的规定。

3. 基本规定

装配式结构的作用及作用组合应根据国家标准《建筑结构荷载规范》GB 50009、《建筑抗震设计规范》GB 50011—2010、《高层建筑混凝土结构技术规程》JGJ 3—2010 和《混凝土结构工程施工规范》GB 50666—2011 等确定。

预制构件在翻转、运输、吊运、安装等短暂设计状态下的施工验算，应将构件自重标准值乘以动力系数后作为等效静力荷载标准值。

预制构件进行脱模验算时，等效静力荷载标准值应取构件自重标准值乘以动力系数后与脱模吸附力之和，可以根据现场实测确定，且不宜小于构件自重标准值的 1.5 倍。

### （三）钢结构

结构主要由型钢和钢板等制成的钢梁、钢柱、钢桁架等构件组成，各构件或部件之间通常采用焊缝、螺栓或铆钉连接。因其自重较轻且施工简便，钢结构广泛应用于大型厂房、场馆、超高层等领域。

1. 材料选用

承重结构的钢材宜采用 Q235 钢、Q345 钢、Q390 钢和 Q420 钢，其质量应分别符合现行国家标准《碳素结构钢》GB/T 700—2006 和《低合金高强度结构钢》GB/T 1591—2018 的规定。

承重结构采用的钢材应具有抗拉强度、伸长率、屈服强度和硫、磷含量的合格保证，对焊接结构尚应具有碳含量的合格保证。

焊接承重结构以及重要的非焊接承重结构采用的钢材还应具有冷弯试验的合格保证。

2. 连接方式

钢结构的连接：一般采用焊接连接、螺栓连接、铆钉连接等方式。

连接用焊接材料、螺栓和铆钉等紧固件的材料应符合现行国家标准《钢结构焊接规范》GB 50661—2011 和《钢筋焊接及验收规程》JGJ 18—2018 等的规定。

3. 基本规定

承重结构应进行承载能力极限状态设计；承重结构应进行正常使用极限状态设计。

在设计钢结构时，荷载的标准值、荷载分项系数、荷载组合值系数、动力荷载的动力系数等，应按照国家标准《建筑结构荷载规范》GB 50009—2012 的规定采用。

在设计钢结构时，应从工程实际出发，合理选用材料、结构方案和构造措施，满足结构构件在运输、安装和使用过程中的强度、稳定性和刚度要求，并符合防火、防腐蚀要求。

## （四）混合结构

由钢框架、型钢混凝土框架、钢管混凝土框架与钢筋混凝土核心简体所组成的共同承受水平和竖向作用的建筑结构。

1. 材料选用

混合结构中采用的钢管、型钢应符合现行国家标准《钢结构设计规范》GB 50017—2017 的规定。

混合结构中采用的混凝土强度等级不应低于 C30，混凝土的抗压强度和弹性模量应按现行国家标准《混凝土结构设计规范》GB 50010—2010 执行。

用于混合结构中钢构件的焊接材料，应符合现行国家标准《非合金钢及细晶粒钢焊条》GB/T 5117—2012 和《热强钢焊条》GB/T 5118—2012 的规定。

普通螺栓和高强度螺栓连接的设计应按现行国家标准《钢结构设计规范》GB 50017—2017 执行。

2. 连接方式

混合结构中的钢管、型钢的连接采用焊接连接、螺栓连接等方式。混合结构中的钢筋采用绑扎搭接、机械连接、焊接等方式进行连接。

钢管混凝土结构中的混凝土采用现场原位支模，或者直接利用钢管作为外模板，整体浇筑而成。

3. 结构布置

混合结构的平面布置宜简单、规则、对称，并具有足够的整体抗扭刚度；平面宜采用方形、矩形、多边形、圆形、椭圆形等规则平面，建筑的开间、进深宜统一。

混合结构的竖向布置应使结构的侧向刚度和承载力沿竖向均匀变化、无突变，构件截面宜由下至上逐渐变小。

## 第四节
## 不同结构形式的适用范围

### 一、（现浇）钢筋混凝土结构、钢结构、混合结构的适用范围

根据《建筑抗震设计规范》GB 50011—2010 和《高层建筑混凝土结构技术规程》JGJ 3—2010 的规定，（现浇）钢筋混凝土结构、钢结构、混合结构房屋的最大适用高度见表 2－3、最大高宽比见表 2－4。

**表 2－3　（现浇）钢筋混凝土结构、钢结构、混合结构房屋的最大适用高度**　单位：米

| 结构类型 | 抗震设防烈度 | | | | |
|---|---|---|---|---|---|
| | 6 度 | 7 度 | 8 度（0.2g） | 8 度（0.3g） | 9 度 |
| 钢筋混凝土框架结构 | 60 | 50 | 40 | 35 | 9 |
| 钢筋混凝土框架—剪力墙结构 | 130 | 120 | 100 | 80 | 50 |
| 钢筋混凝土剪力墙结构 | 140 | 120 | 100 | 80 | 60 |
| 钢筋混凝土部分框支—剪力墙结构 | 120 | 100 | 80 | 50 | 不应采用 |
| 结构类型 | 6 度 | 7 度 | 8 度（0.2g） | 8 度（0.3g） | 9 度 |
| 钢框架结构 | 110 | 90 | 90 | 70 | 50 |

续表

<table>
<tr><td colspan="2" rowspan="2">结构类型</td><td colspan="5">抗震设防烈度</td></tr>
<tr><td>6 度</td><td>7 度</td><td>8 度（0.2g）</td><td>8 度（0.3g）</td><td>9 度</td></tr>
<tr><td colspan="2">钢框架中心支撑</td><td>220</td><td>220</td><td>180</td><td>150</td><td>120</td></tr>
<tr><td colspan="2">钢框架—偏心支撑（延性墙板）</td><td>240</td><td>240</td><td>200</td><td>180</td><td>160</td></tr>
<tr><td rowspan="2">混合结构</td><td>钢框架—钢筋混凝土核心筒</td><td>200</td><td>160</td><td>120</td><td>100</td><td>70</td></tr>
<tr><td>型钢（钢管）混凝土框架—钢筋混凝土核心筒</td><td>220</td><td>190</td><td>150</td><td>130</td><td>70</td></tr>
</table>

**表 2－4 （现浇）钢筋混凝土结构、钢结构、混合结构房屋适用的最大高宽比**

<table>
<tr><td rowspan="2">结构类型</td><td rowspan="2">非抗震设计</td><td colspan="3">抗震设防烈度</td></tr>
<tr><td>6 度、7 度</td><td>8 度</td><td>9 度</td></tr>
<tr><td>钢筋混凝土框架结构</td><td>5</td><td>4</td><td>3</td><td>—</td></tr>
<tr><td>钢筋混凝土框架—剪力墙结构</td><td>7</td><td>6</td><td>5</td><td>4</td></tr>
<tr><td>钢筋混凝土剪力墙结构</td><td>7</td><td>6</td><td>5</td><td>4</td></tr>
<tr><td>钢框架、钢框支撑结构</td><td>—</td><td>6.5</td><td>6</td><td>5.5</td></tr>
<tr><td>钢框架、型钢（钢管）混凝土框架—钢筋混凝土核心筒</td><td>8</td><td>8</td><td>7</td><td>5</td></tr>
</table>

## 二、装配整体式钢筋混凝土结构的适用范围

根据《装配式混凝土结构技术规程》JGJ 1—2014 的规定，装配整体式结构房屋的最大适用高度见表 2－5、最大高宽比见表 2－6。

表 2－5　　装配整体式结构房屋的最大适用高度　　单位：米

| 结构类型 | 非抗震设计 | 抗震设防烈度 | | | |
|---|---|---|---|---|---|
| | | 6 度 | 7 度 | 8 度（0.2g） | 8 度（0.3g） |
| 装配整体式框架结构 | 70 | 60 | 50 | 40 | 30 |
| 装配整体式框架—现浇剪力墙结构 | 150 | 130 | 120 | 100 | 80 |
| 装配整体式剪力墙结构 | 140（130） | 130（120） | 110（100） | 90（80） | 70（60） |
| 装配整体式部分框支—现浇剪力墙结构 | 120（110） | 110（100） | 90（80） | 70（60） | 40（30） |

注：房屋高度指室外地面到主要属面的高度，不包括局部突出屋面的部分，当预制剪力墙构件底部承担总剪力大于该层总剪力的 80% 时，最大适用高度取括号内数值。

表 2－6　　装配整体式结构房屋适用的最大高宽比

| 结构类型 | 非抗震设计 | 抗震设防烈度 | |
|---|---|---|---|
| | | 6 度、7 度 | 8 度 |
| 装配整体式框架结构 | 5 | 4 | 3 |
| 装配整体式框架—现浇剪力墙结构 | 6 | 6 | 5 |
| 装配整体式剪力墙结构 | 6 | 6 | 5 |

# 第五节
# 建筑单体预制装配率

## 一、建筑单体预制装配率概念

建筑单位预制装配率是评价装配式建筑的重要指标，反映了装配式建筑中应用工业化建造技术的程度。装配式建筑的设计文件和相关文件中应明确列出建筑单体的预制装配率指标。各省先后出台了关于建筑单体预制装配率的计算细则，但不完全一致，这里仅介绍国标 GB/T 51129—2017 装配式建筑评价标准和江苏省装配式建筑预制装配率计算细则作为参考。

## 二、国标预制装配率计算细则

（1）装配率应根据表 2－7 中评价项分值按式（2－1）计算。

$$P=\frac{Q1+Q2+Q3}{100-Q4}\times 100\% \qquad (2-1)$$

式（2－1）中：P——装配率；

Q1——主体结构指标实际得分值；

Q2——围护墙和内隔墙指标实际得分值；

Q3——装修和设备管线指标实际得分值；

Q4——评价项目中缺少的评价项分值总和。

**表 2－7　装配式建筑评分表**

| 评价项 | | 评价要求 | 评价分值 | 最低分值 |
|---|---|---|---|---|
| 主体结构（50 分） | 柱、支撑、承重墙、延性墙板等竖向构件 | 35% ≤比例≤80% | 20～30* | 20 |
| | 梁、板、楼梯、阳台、空调板等构件 | 70% ≤比例≤80% | 10～20* | |
| 围护墙和内隔墙（20 分） | 非承重围护墙非砌筑 | 比例≥80% | 5 | 10 |
| | 围护墙与保温、隔热、装饰一体化 | 50% ≤比例≤80% | 2～5* | |
| | 内隔墙非砌筑 | 比例≥50% | 5 | |
| | 内隔墙与管线、装修一体化 | 50% ≤比例≤80% | 2～5* | |

续表

| 评价项 | | 评价要求 | 评价分值 | 最低分值 |
|---|---|---|---|---|
| 装修和设备管线（30分） | 全装修 | — | 6 | 6 |
| | 干式工法楼面、地面 | 比例≥70% | 6 | — |
| | 集成厨房 | 70%≤比例≤90% | 3～6* | |
| | 集成卫生间 | 70%≤比例≤90% | 3～6* | |
| | 管线分离 | 50%≤比例≤70% | 4～6* | |

注：表中带“＊”项的分值采用“内插法”计算，计算结果取小数点后一位。

（2）柱、支撑、承重墙、延性墙板等主体结构竖向构件主要采用混凝土材料时，预制部品部件的应用比例应按式（2－2）计算：

$$q_{1a} = \frac{V_{1a}}{V} \times 100\% \qquad (2-2)$$

式（2－2）中：$q_{1a}$——柱、支撑、承重墙、延性墙板等主体结构竖向构件中预制部品部件的应用比例；$V_{1a}$——柱、支撑、承重墙、延性墙板等主体结构竖向构件中预制混凝土体积之和，符合本节三条规定的预制构件间连接部分的后浇混凝土也可计入计算；V——柱、支撑、承重墙、延性墙板等主体结构竖向构件混凝土总体积。

（3）当符合下列规定时，主体结构竖向构件间连接部分的后浇混凝土可计入预制混凝土体积计算。

①预制剪力墙板之间宽度不大于600mm的竖向现浇段和高度不大于300mm的水平后浇带、圈梁的后浇混凝土体积；

②预制框架柱和框架梁之间柱梁节点区的后浇混凝土体积；

③预制柱间高度不大于柱截面较小尺寸的连接区后浇混凝土体积。

（4）梁、板、楼梯、阳台、空调板等构件中预制部品部件的应用比例应按下式计算：

$$q_{1b}=\frac{A_{1b}}{A}\times100\% \tag{2-3}$$

式（2－3）中：$q_{1b}$——梁、板、楼梯、阳台、空调板等构件中预制部品部件的应用比例；$A_{1b}$——各楼层中预制装配梁、板、楼梯、阳台、空调板等构件的水平投影面积之和；A——各楼层建筑平面总面积。

（5）预制装配式楼板、屋面板的水平投影面积可以包括下列内容：

①预制装配式叠合楼板、屋面板的水平投影面积；

②预制构件间宽度不大于300mm的后浇混凝土带水平投影面积；

③金属楼承板和屋面板、木楼盖和屋盖及其他在施工现场免支模的楼盖和屋盖的水平投影面积。

（6）非承重围护墙中非砌筑墙体的应用比例应按式（2－4）计算：

$$q_{2a}=\frac{A_{2a}}{A_{w1}}\times100\% \tag{2-4}$$

式（2－4）中：$q_{2a}$——非承重围护墙中非砌筑墙体的应用比例；$A_{2a}$——各楼层非承重固护墙中非砌筑墙体的外表面积之和，计算时可不扣除门、窗及预留洞口等的面积；$A_{w1}$——各楼层非承重围护墙外表面总面积，计算时可不扣除门、窗及预留洞口等的面积。

（7）围护墙采用墙体、保温、隔热、装饰一体化的应用比例应按式（2－5）计算：

$$q_{2b}=\frac{A_{2b}}{A_{w2}}\times100\% \tag{2-5}$$

式（2－5）中：$q_{2b}$——围护墙采用墙体、保温、隔热、装饰一体化的应用比例；$A_{2b}$——各楼层围护墙采用墙体、保温、隔热、装饰一体化的墙面外表面积之和，计算时可不扣除门、窗及预留洞口等的面积；$A_{w2}$——各楼层围护墙外表面总面积，计算时可不扣除门、窗及预留洞口等的面积。

（8）内隔墙中非砌筑墙体的应用比例应按式（2－6）计算：

$$q_{2c}=\frac{A_{2c}}{A_{w3}}\times100\% \quad (2-6)$$

式（2－6）中：$q_{2c}$——内隔墙中非砌筑墙体的应用比例；$A_{2c}$——各楼层内隔墙中非砌筑墙体的墙面面积之和，计算时可不扣除门、窗及预留洞口等的面积；$A_{w3}$——各楼层内隔墙墙面总面积，计算时可不扣除门、窗及预留洞口等的面积。

（9）内隔墙采用墙体、管线、装修一体化的应用比例应按式（2－7）计算：

$$q_{2d}=\frac{A_{2d}}{A_{w3}}\times100\% \quad (2-7)$$

式（2－7）中：$q_{2d}$——内隔墙采用墙体、管线、装修一体化的应用比例；$A_{2d}$——各楼层内隔墙采用墙体、管线、装修一体化的墙面面积之和，计算时可不扣除门、窗及预留洞口等的面积。

（10）干式工法楼面、地面的应用比例应按式（2－8）计算：

$$q_{3a}=\frac{A_{3a}}{A}\times100\% \quad (2-8)$$

式（2－8）中：$q_{3a}$——干式工法楼面、地面的应用比例；$A_{3a}$——各楼层采用干式工法楼面、地面的水平投影面积之和。

（11）集成厨房的橱柜和厨房设备等应全部安装到位，墙面、顶面和地面中干式工法的应用比例应按式（2－9）计算：

$$q_{3b}=\frac{A_{3b}}{A_k}\times100\% \quad (2-9)$$

式（2－9）中：$q_{3b}$——集成厨房干式工法的应用比例；$A_{3b}$——各楼层厨房墙面、顶面和地面采用干式工法的面积之和；$A_k$——各楼层厨房的墙面、顶面和地面的总面积。

（12）集成卫生间的洁具设备等应全部安装到位，墙面、顶面和地面中干式工法的应用比例应按式（2－10）计算：

$$q_{3c}=\frac{A_{3c}}{A_b}\times 100\% \qquad (2-10)$$

式（2－10）中：$q_{3c}$——集成卫生间干式工法的应用比例；$A_{3c}$——各楼层卫生间墙面、顶面和地面采用干式工法的面积之和；$A_b$——各楼层卫生间墙面、顶面和地面的总面积。

（13）管线分离比例应按式（12－11）计算：

$$q_{3d}=\frac{L_{3d}}{L}\times 100\% \qquad (2-11)$$

式（2－11）中：$q_{3d}$——管线分离比例；$L_{3d}$——各楼层管线分离的长度，包括裸露于室内空间以及敷设在地面架空层、非承重墙体空腔和吊顶内的电气、给水排水和采暖管线长度之和；L——各楼层电气、给水排水和采暖管线的总长度。

## 三、江苏省装配式建筑预制装配率计算细则

《江苏省装配式建筑预制装配率计算细则》规定，预制装配率是指装配式建筑室外地坪以上的预制构件、装配式内外围护构件、工业化内装部品的体积或面积占该部分总面积的比率。（注：①装配式混凝土结构建筑中屋顶以上塔楼部分不列入计算范围；②设有商业裙房的装配式混凝土结构建筑，若裙房部分采用现场浇筑施工，则在建筑主体平面外的裙房部分不列入计算范围。）

### （一）计算公式

$$\text{预制装配率}=\sum_{i=1}^{3}(\alpha_i Z_i)+S \qquad (2-12)$$

$Z_1$—— 整栋建筑中主体结构和外围护结构预制构件的预制装配率

$$Z_1=\frac{\text{整栋建筑主体结构和外围护结构预制混凝土构件体积之和}}{\text{整栋建筑对应混凝土总体积之和}}\times 100\% \quad (2-13)$$

$Z_2$——整栋建筑中装配式内外围护构件的预制装配率

$$Z_2=\frac{\text{整栋建筑装配式内外围护构件表面积之和}}{\text{整栋建筑全部内外围护构件表面积之和}}\times 100\% \quad (2-14)$$

$Z_3$——整栋建筑中工业化内装部品的预制装配率

$$Z_3=\frac{\text{整栋建筑工业化内装品投影面积之和}}{\text{整栋建筑全部建筑部投影面积或表面}}\times 100\% \quad (2-15)$$

$\alpha_i$——预制装配率计算权重系数，详见表2－8。

**表2－8　预制装配率计算权重系数**

| 分类 | $\alpha_1$ | $\alpha_2$ | $\alpha_3$ |
|---|---|---|---|
| 装配整体式框架/<br>装配整体式框架＋防屈曲支撑/<br>装配整体式框架＋现浇剪力墙（现浇核心筒） | 0.5 | 0.3 | 0.2 |
| 装配整体式剪力墙结构/<br>装配整体式部分框支剪力墙结构 | 0.55 | 0.15 | 0.3 |

S——集成应用加分项。

## （二）构件类型说明

1. 主体结构和外围护结构预制构件

（1）主体结构预制构件：竖向构件（预制柱、钢支撑、预制内外剪力墙板、预制夹心保温外墙板、预制双层叠合剪力墙板等）。

水平构件（预制梁、预制叠合板、预制密肋空腔楼板、预制楼梯板、预制阳台板、预制空调板等）。

（2）外围护结构预制构件：PCF混凝土外墙模板、混凝土外挂墙板、预制混凝土飘窗墙板、预制女儿墙等。

2. 装配式内外围护构件

（1）装配式外围护构件（非混凝土构件）：单元式幕墙（玻璃幕墙、石材幕墙、铝板幕墙、陶板幕墙）、蒸压轻质加气混凝土外墙系统、GRC 墙板等。

（2）装配式内围护构件：玻璃隔断、木隔断墙、轻钢龙骨石膏板隔墙、蒸压轻质加气混凝土墙板、钢筋陶粒混凝土轻质墙板等装配式内隔墙板。

3. 工业化内装部品为工厂生产、现场装配的部品构件

集成式卫生间、集成式厨房、装配式吊顶、楼地面干式铺装（成品地板干式铺装、架空地板）、装配式墙板（带饰面）及装配式栏杆等。

## （三）集成应用加分项

（1）采用标准化、模块化、集约化设计，实现“少规格、多组合”的目标：

①标准化的居住户型单元和公共建筑基本功能单元数量（如写字楼的标准办公间、酒店的标准间、医院的标准病房、学校的标准教室等）利用率超过总数量的 70%，预制装配率增加 1%；

②标准化门窗数量超过总数量的 70%，预制装配率增加 0.5%；

③公用设备管线集中设置管道井或管线架空层，同时设备管线与结构相分离，实现设备管线的持续更新改造，预制装配率增加 0.5%。

（2）绿色建筑技术集成应用：

①按绿色建筑二星标准设计并取得绿色二星设计标识证书，预制装配率增加 0.5%；

②按绿色建筑三星标准设计并取得绿色三星设计标识证书，预制装配率增加 1%。

（3）被动式超低能耗技术集成应用。根据当地气候条件，按

照被动式超低能耗技术设计，并达到综合节能率85%，预制装配率增加0.5%。

（4）隔震减震技术集成应用。预制装配率增加0.5%。

（5）以BIM为核心的信息化技术集成应用。全过程应用BIM信息化技术，预制装配率增加1%。

（6）工业化施工技术集成应用：

①采用装配式铝合金组合模板，实现墙面免抹灰工艺，预制装配率增加0.5%；

②采用工厂加工钢筋制品，现场组装，实现钢筋配送的工艺，预制装配率增加0.5%；

③施工现场采用预制装配式围墙或道路板，实现现场临时设施构件装配化，预制装配率增加0.5%；

④采用“封闭式板式木组件”“预制空间模块木组件”预制装配率各增加0.5%。

# 第六节 灌浆工识图基础知识

作为一名合格的装配式建筑灌浆工，在了解常规的建筑图纸基础上（如平面图、立面图、剖面图、大详图），能够熟悉装配式建筑构件深化设计图纸，掌握图纸中符号、图例所代表的含义。

## 一、识图基本方法

拿到图纸后一般按照先整体、后局部，先文字说明、后图样，先图形、后标注尺寸的顺序进行阅读。正确的看图方式能够使我们对图纸阅览以更好的逻辑性和三维空间思维进行把握。建筑施工图是表示房屋的总体布局、建筑外形、内部布置以及细部构造、内外装修、施工要求等内容的图样。

建筑图一般识图步骤和内容解读见表2－9。

**表2－9　　　　建筑图一般识图步骤**

| 序号 | 步骤 | 截图图例 | 内容解读 |
| --- | --- | --- | --- |
| 1 | 图纸目录 | <br>序号 图号 图纸名称<br>1 0－01 图纸目录<br>2 1－01 建筑施工图设计说明（一）<br>3 1－02 建筑施工图设计说明（二）<br>4 1－03 建筑构造做法表（一）<br>5 1－04 居住建筑施工图节能设计说明<br>6 2－01 门窗表及详图<br>7 3－01 一层平面图<br>8 3－02 二层平面图 | 了解图纸名称、类别、图纸张数 |
| 2 | 设计总说明 | <br>建筑施工图设计说明<br>一、设计依据<br>1. 规划批准的用地规划红线图及基地地形图。<br>2. 由甲方提供的规划局建设工程设计方案审查意见书。<br>3. 由甲方提供的规划局审批通过的总体规划方案。<br>4. 甲方提供的1/500地形图。<br>5. 由甲方提供的室外规划地面标高。<br>6. 甲方设计委托书及设计合同。<br>7. 甲方提供若干关于该工程的设计联系函。<br>8. 国家、行业、企业，及XX市其他现行有关规范，法律，法规，规程。<br>二、工程概况<br>1. 建设单位：XXXXXXX建设有限公司<br>2. 工程名称：XXXXXXXXXXXXX<br>4. 结构形式：框架<br>3. 建设地点：XX省XX市<br>5. 建设规模：门卫建筑面积为125.58平方米，建筑高度为5.725米<br>三、本工程所执行的标准： | 了解项目名称、面积、结构类型、分部工程的设计内容等 |
| 3 | 平面图 | 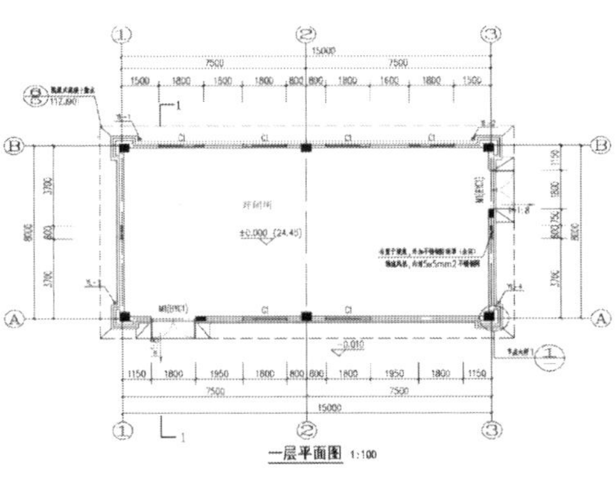<br> | 了解平面布置、尺寸标注、符号、图例等内容 |

续表

| 序号 | 步骤 | 截图图例 | 内容解读 |
|---|---|---|---|
| 4 | 立面图 | 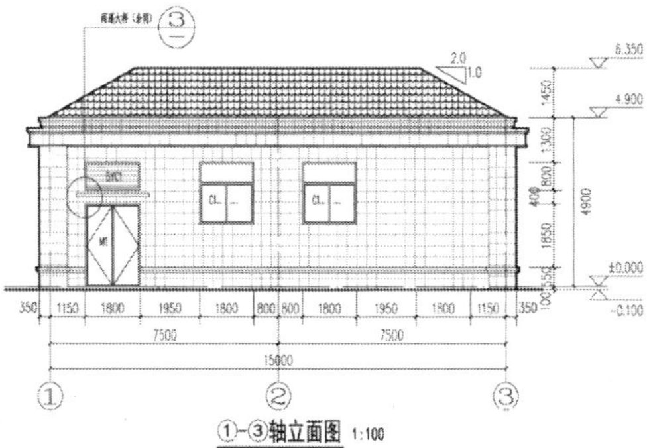<br>①-③轴立面图 1:100 | 了解楼层高度、层数、总高、立面布置、图例内容等 |
| 5 | 剖面图 | 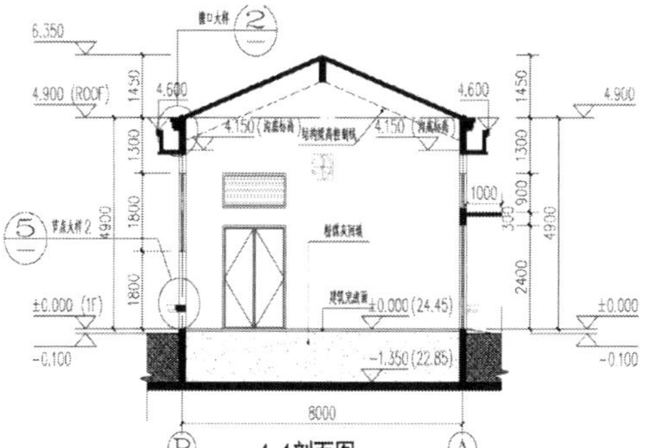<br>1-1剖面图 1:100 | 了解剖面特征、层高变化、吊顶信息等内容 |
| 6 | 节点大详图 | 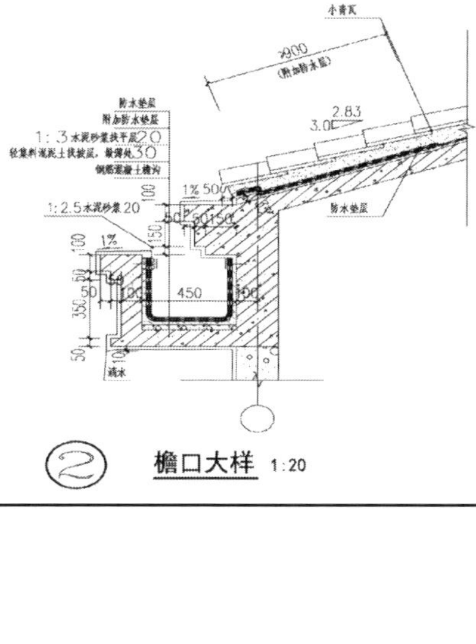<br>② 檐口大样 1:20 | 熟悉局部节点具体做法、尺寸要求、材料选择等 |

建筑结构图阅读方式基本与建筑图相同，主要了解主体结构的组成材料，如采用的混凝土的标号、钢筋型号、柱墙尺寸、梁板尺寸等要求。

结构图一般识图步骤和内容解读见表 2－10。

**表 2－10　　结构图一般识图步骤**

<table>
<tr><th>序号</th><th colspan="2">步骤</th><th>截图图例</th><th>内容解读</th></tr>
<tr><td>1</td><td colspan="2">图纸目录</td><td><br>图纸目录<br>序号 图号 图纸名称 图幅 备注<br>1 结施-01 结构设计总说明一 图纸目录 A1标准<br>2 结施-02 结构设计总说明二 A1标准<br>3 结施-03 预应力高强混凝土管桩桩位平面图 A1标准<br>4 结施-04 基础平面布置图 A1标准</td><td>了解图纸名称、类别、图纸张数</td></tr>
<tr><td>2</td><td colspan="2">设计总说明</td><td><br></td><td>了解项目名称、设计的荷载值、结构设计的材料要求，重要的构造节点等内容</td></tr>
<tr><td>3</td><td>平面图</td><td>墙柱平面</td><td>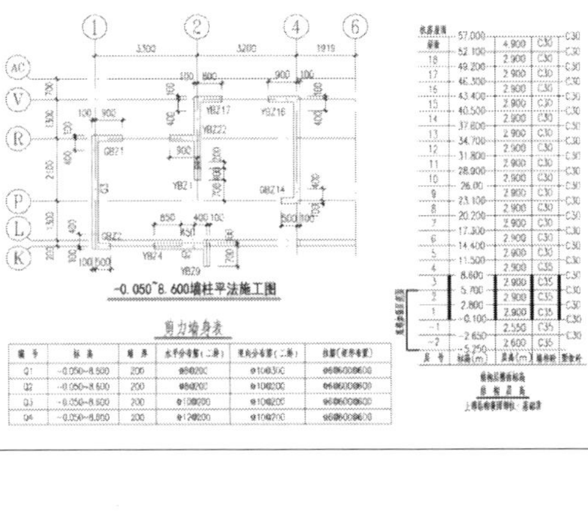<br></td><td>了解墙柱结构平面布置、型号、楼层位置、标注说明等内容</td></tr>
</table>

续表

| 序号 | 步骤 | | 截图图例 | 内容解读 |
|---|---|---|---|---|
| 3 | 平面图 | 墙、柱表 | 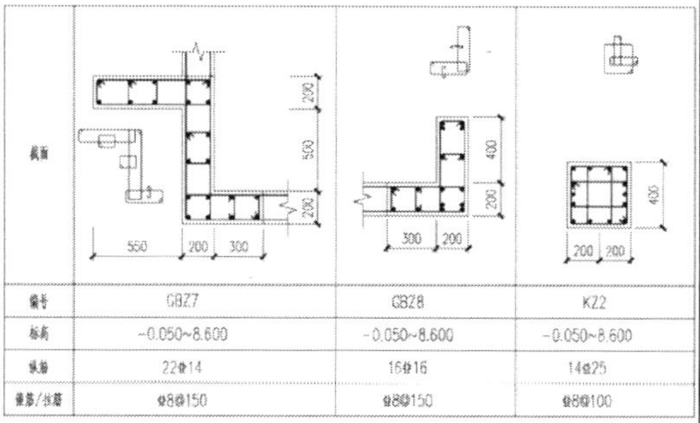 | 了解结构墙柱不同型号的配筋情况、标注的特殊说明等内容 |
| | | 梁平面 | 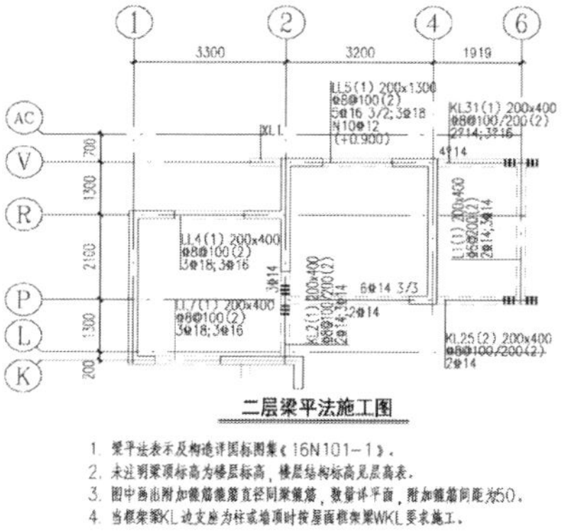 | 了解平面结构所在位置、梁的尺寸、配筋情况、标注说明等内容 |
| | | 板平面 | 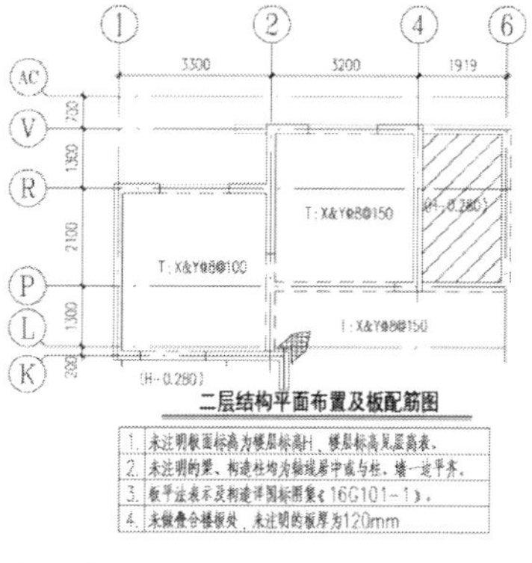 | 了解结构板厚不同布置位置、不同标注型号、配筋情况、所在楼层、特殊标注说明等内容 |

续表

<table>
<tr><th>序号</th><th>步骤</th><th>截图图例</th><th>内容解读</th></tr>
<tr><td>4</td><td>节点<br>大详图</td><td>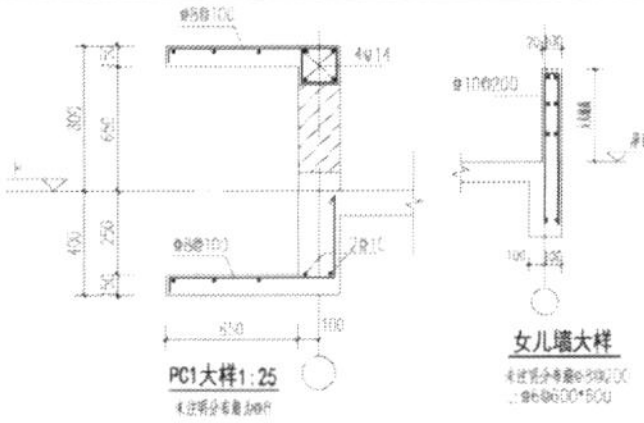
</td><td>熟悉局部节点具体做法、尺寸要求、结构钢筋配制等</td></tr>
</table>

装配式图纸是对建筑、结构图进行 PC 二次深化设计、分解，对建筑施工图提出合理化意见的过程，传统建筑设计模式是面向现场施工的，大部分问题只有在施工阶段才会暴露出来，例如，不同专业管线之间的碰撞、承重墙需要打洞等问题。因此传统模式下工程的设计变更多，施工方和甲方针对工程量和费用扯皮不断。预制装配式建筑则将设计的部分关注点转到构件生产工厂，将很多施工阶段的问题提前在设计、生产阶段解决。因此，预制构件拆分和深化设计是预制装配式建筑必不可少的环节，也是提高工业化生产效率、降低成本、统筹施工的重要途径。

装配式建筑图纸一般识图步骤见表 2－11。

**表 2－11　　装配式建筑图纸一般识图步骤**

<table>
<tr><th>序号</th><th>步骤</th><th>图例</th><th>内容解读</th></tr>
<tr><td>1</td><td>图纸<br>目录</td><td>
<table>
<tr><th colspan="6">图纸目录<br>List of Sheets</th></tr>
<tr><th>序号<br>Serial No.</th><th>图纸名称<br>Sheet Name</th><th>图纸编号<br>Sheet No.</th><th>图幅<br>Sheet Size</th><th>出图日期<br>Date Of Sheet</th><th>修改备注<br>Sheet Remarks</th></tr>
<tr><td>1</td><td>图纸目录</td><td>PC-000</td><td>A2</td><td>2020.11.11</td><td></td></tr>
<tr><td>2</td><td>二~二十四层预制水平构件平面图</td><td>PC-001</td><td>A1</td><td>2020.11.11</td><td></td></tr>
<tr><td>3</td><td>二~二十四层预制竖向构件平面图</td><td>PC-002</td><td>A1</td><td>2020.11.11</td><td></td></tr>
<tr><td>4</td><td>YLB-1R　构件详图</td><td>PC-101</td><td>A2</td><td>2020.11.11</td><td></td></tr>
<tr><td>5</td><td>YLB-2aR　构件详图</td><td>PC-102</td><td>A2</td><td>2020.11.11</td><td></td></tr>
<tr><td>6</td><td>YLB-2bR　构件详图</td><td>PC-103</td><td>A2</td><td>2020.11.11</td><td></td></tr>
<tr><td>7</td><td>YLB-3aR　构件详图</td><td>PC-104</td><td>A2</td><td>2020.11.11</td><td></td></tr>
<tr><td>8</td><td>YLB-3bR　构件详图</td><td>PC-105</td><td>A2</td><td>2020.11.11</td><td></td></tr>
<tr><td>9</td><td>YLB-4R　构件详图</td><td>PC-106</td><td>A2</td><td>2020.11.11</td><td></td></tr>
<tr><td>10</td><td>YLB-5R　构件详图</td><td>PC-107</td><td>A2</td><td>2020.11.11</td><td></td></tr>
<tr><td>11</td><td>YLB-6aR　构件详图</td><td>PC-108</td><td>A2</td><td>2020.11.11</td><td></td></tr>
<tr><td>12</td><td>YLB-6bR　构件详图</td><td>PC-109</td><td>A2</td><td>2020.11.11</td><td></td></tr>
</table>
</td><td>了解图纸名称、类别、图纸张数，装配式建筑深化图纸一般分为预制水平构件图、预制竖向构件图、构件大详图等</td></tr>
</table>

续表

| 序号 | 步骤 | 图例 | 内容解读 |
|---|---|---|---|
| 2 | 设计总说明 |  | 了解项目名称、面积、项目包含 PC 构件种类、基础设计原则、PC 构件代号注译、材料要求内容等 |
| 3 | 平面图 | 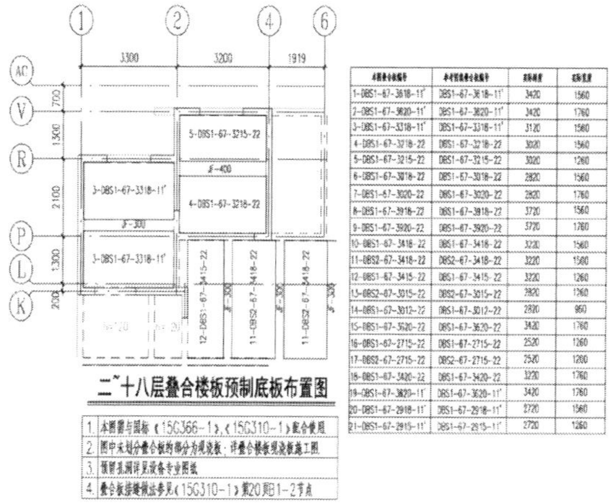 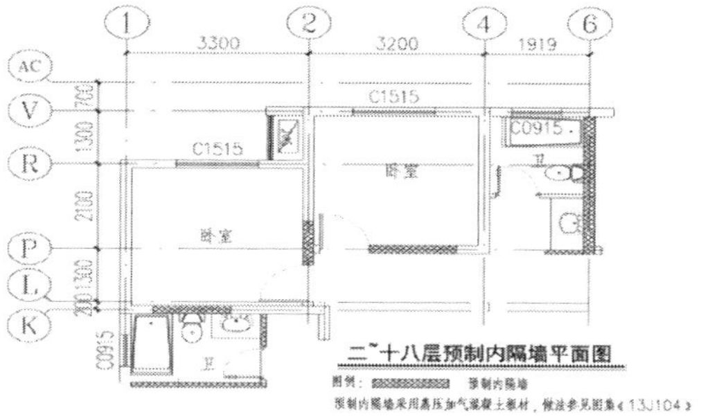 | 了解 PC 构件平面布置、标注型号、图例等内容 |

装配式混凝土结构专项设计说明

| | |
|---|---|
| 1、总则 | 4、预制构件的生产和检验 |
| 1.1 本说明应与结构平面图、预制构件详图以及节点详图等配合使用。 | 2.1 预制构件模具的尺寸允许偏差和检验方法应符合《装 |
| 1.2 本工程三板应用比例为61.7% | 2.2 预制构件与后浇混凝土的结合面应设置粗糙面、键槽 |
| 1.3 主要配套标准图集 | 结合面的80%，预制板的粗糙面凹凸深度不应小于4 |
| 15G107-1《装配式混凝土结构表示方法及示例（剪力墙结构）》 | 2.3 预制构件的允许尺寸偏差除满足《装配式混凝土结构 |
| 15G366-1《桁架钢筋混凝土叠合板（60mm厚底板）》 | 1）预留钢筋允许偏差应符合表 |
| 15G310-1《装配式混凝土结构连接节点构造（楼盖和楼梯）》 | 表1 预留钢筋允许偏差 |
| 装配式混凝土结构技术规程JGJ1-2014 | 项目 / 允许偏差 |
| 1.4 材料要求 | 中心位置 / ±2 |
| 1.4.1 混凝土 | 外伸长度 / +5，-2 |
| 1）混凝土强度等级应满足《结构设计总说明》规定，且不应低于C30 | 2）与现浇结构相邻部位200mm宽度范围内的表面 |
| 2）对水泥、骨料、矿物掺和料、外加剂等的设计要求详见《结构设计总说明》，应特别保证 | 3）预制墙板的误差控制应考虑相邻楼层的墙板，以 |
| 骨料级配的连续性，未经设计单位批准，混凝土中不得掺加早强剂或早强型减水剂。 | 2.4 本工程预制剪力墙板的纵向受力钢筋采用钢筋套筒灌 |
| 2. 叠合板 | 5、预制构件的运输与堆放 |
| [illegible] | [illegible] |



二~十八层叠合楼板预制底板布置图

| | |
|---|---|
| 1. | 本图需与国标《15G366-1》、《15G310-1》配合使用 |
| 2. | 图中未划分叠合板的部分为现浇板，详叠合楼板现浇板施工图 |
| 3. | 预留孔洞详见设备专业图纸 |
| 4. | 叠合板接缝做法参见《15G310-1》第20页B1-2节点 |

| [illegible] | [illegible] | [illegible] | [illegible] |
|---|---|---|---|
| 1-DBS1-67-3618-11' | DBS1-67-3618-11' | 3420 | 1560 |
| 2-DBS1-67-3620-11' | DBS1-67-3620-11' | 3420 | 1760 |
| 3-DBS1-67-3318-11' | DBS1-67-3318-11' | 3120 | 1560 |
| 4-DBS1-67-3218-22 | DBS1-67-3218-22 | 3020 | 1560 |
| 5-DBS1-67-3215-22 | DBS1-67-3215-22 | 3020 | 1260 |
| 6-DBS1-67-3018-22 | DBS1-67-3018-22 | 2820 | 1560 |
| 7-DBS1-67-3020-22 | DBS1-67-3020-22 | 2820 | 1760 |
| 8-DBS1-67-3918-22 | DBS1-67-3918-22 | 3720 | 1560 |
| 9-DBS1-67-3920-22 | DBS1-67-3920-22 | 3720 | 1760 |
| 10-DBS1-67-3418-22 | DBS1-67-3418-22 | 3220 | 1560 |
| 11-DBS2-67-3418-22 | DBS2-67-3418-22 | 3220 | 1560 |
| 12-DBS1-67-3415-22 | DBS1-67-3415-22 | 3220 | 1260 |
| 13-DBS2-67-3015-22 | DBS2-67-3015-22 | 2820 | 1260 |
| 14-DBS1-67-3012-22 | DBS1-67-3012-22 | 2820 | 960 |
| 15-DBS1-67-3620-22 | DBS1-67-3620-22 | 3420 | 1760 |
| 16-DBS1-67-2715-22 | DBS1-67-2715-22 | 2520 | 1260 |
| 17-DBS2-67-2715-22 | DBS2-67-2715-22 | 2520 | 1260 |
| 18-DBS1-67-3420-22 | DBS1-67-3420-22 | 3220 | 1760 |
| 19-DBS1-67-3620-11' | DBS1-67-3620-11' | 3420 | 1760 |
| 20-DBS1-67-2918-11' | DBS1-67-2918-11' | 2720 | 1560 |
| 21-DBS1-67-2915-11' | DBS1-67-2915-11' | 2720 | 1260 |



二~十八层预制内隔墙平面图

续表

<table>
<tr><th>序号</th><th>步骤</th><th>图例</th><th>内容解读</th></tr>
<tr><td rowspan="3">4</td><td rowspan="3">构件大详图</td><td>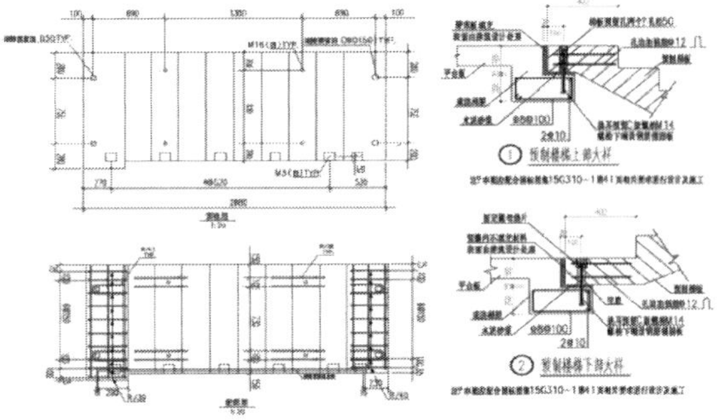<br>预制叠合板构件样图</td><td rowspan="3">熟悉 PC 构件具体做法、尺寸要求、型号；灌浆口、吊装点、支撑点对应平面图位置；材料选择等</td></tr>
<tr><td>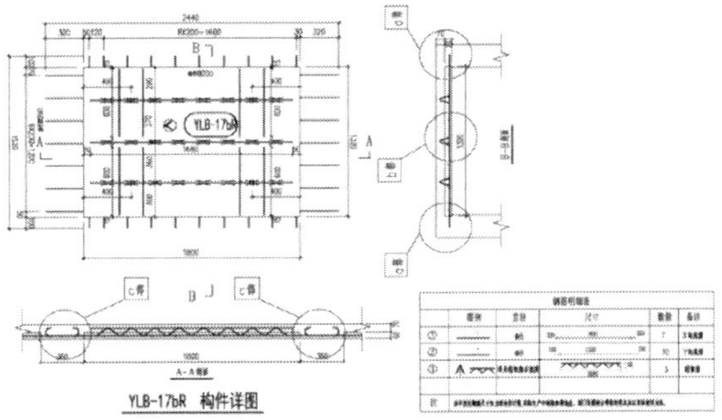<br><br>预制墙板构件样图</td></tr>
<tr><td>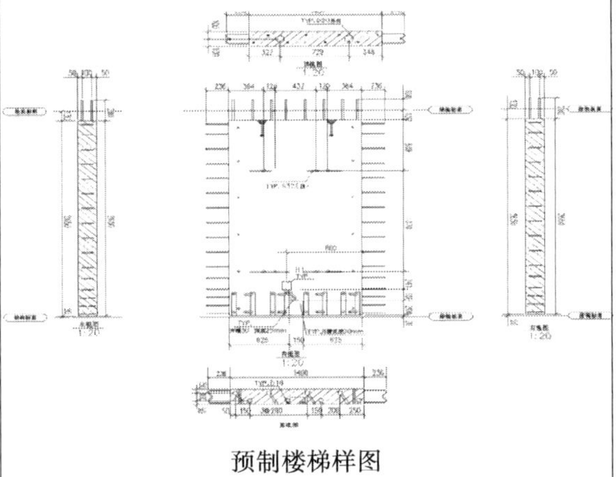<br>预制楼梯样图</td></tr>
</table>

## 二、装配式建筑结构基本构件识图

混凝土预制构件在住宅工业化领域被称作 PC 构件，在工厂内进行流水化生产的产品，与之相对应的是传统现浇混凝土需要工地现场制模、现场浇筑和现场养护。混凝土预制件被广泛应用于建筑、交通、水利等领域，在国民经济中扮演重要的角色。

作为灌浆工对装配式建筑预制构件可根据标准图集进行正确识图，一般构件的识图图集为 15G365－1、15G365－2 预制混凝土剪力墙和 15G310－1、15G310－2 装配式混凝土连接节点构造等图集，从图集中可以清楚了解构件的构造。

### （一）图集识图内容

1. 模板图

通过正视、俯视（仰视）、侧视三个视图，确定构件外轮廓尺寸、构件规格、预埋件位置（见图 2－1）。

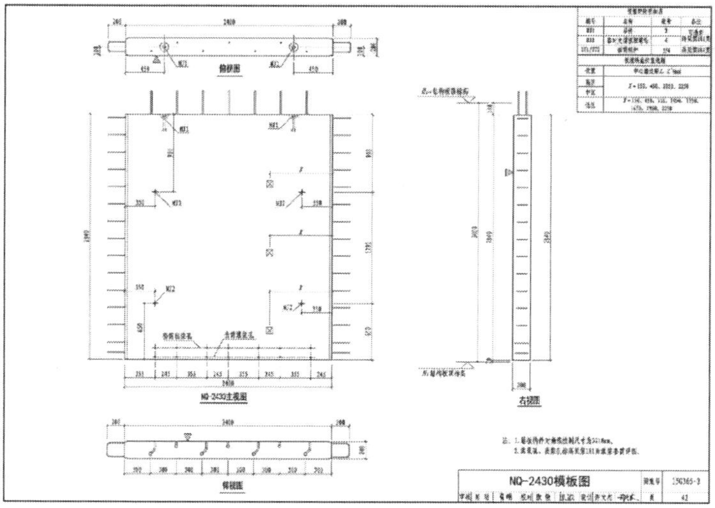


图 2－1　图集中模板图

2. 配筋图

通过正视及剖面图确定钢筋位置，每个型号钢筋都有唯一编号（见图 2 –2）。

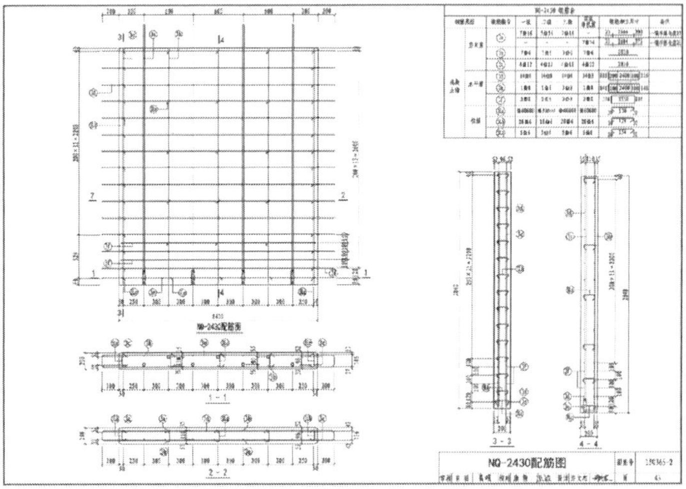


图 2 –2　图集中钢筋配筋图

3. 节点详图

通过节点详图可以了解构件的细部构造，不同构件灌浆区节点构造（见图 2 –3）。

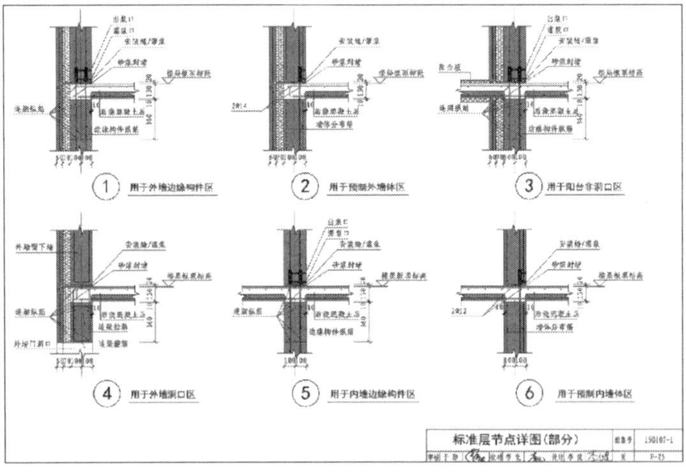


图 2 –3　图集中节点详图

4. 构件预埋件、预留口示意图

通过图纸可以了解预埋口、预埋线管与灌浆口布置位置，熟悉预埋件型号、用途等内容（见图 2－4）。

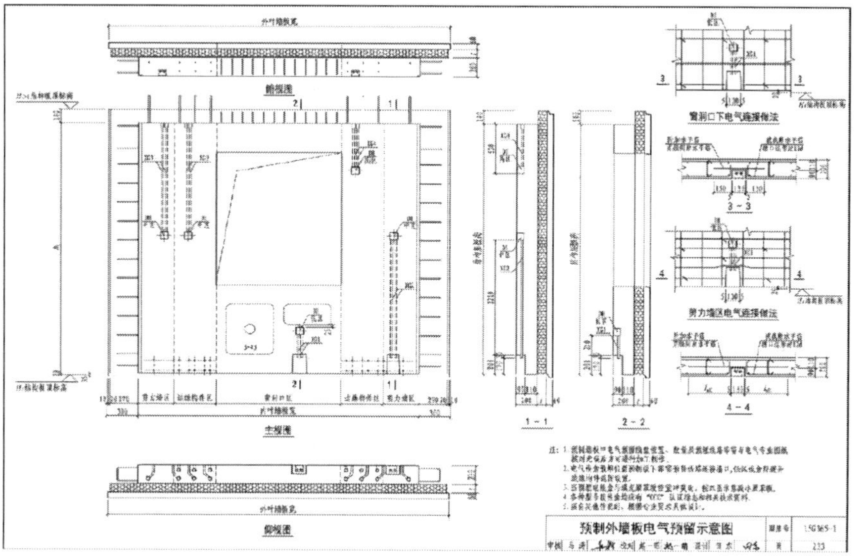


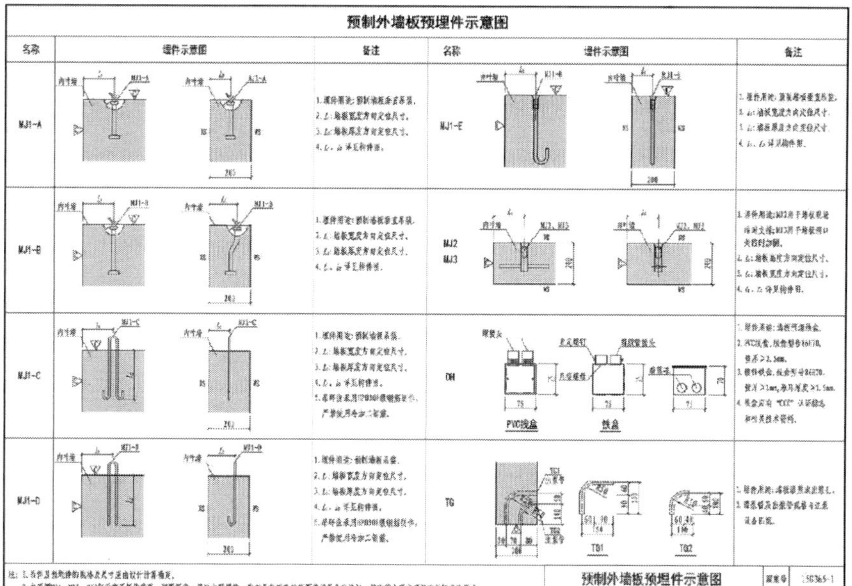

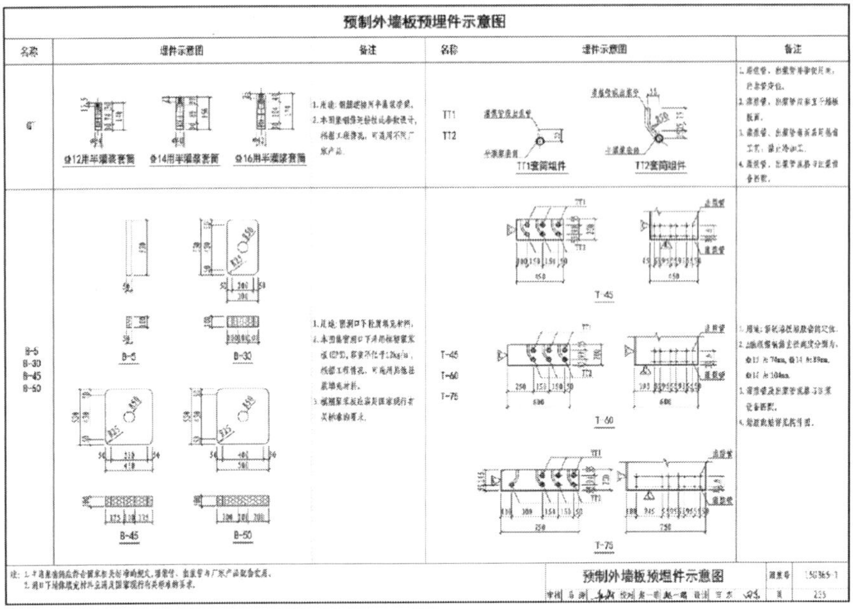


图 2－4　图集中预埋示意图

5. 构件图中的编号及符号

（1）外墙构件编号（WQ）。当出现类似 WQC1 －2121 －2812 等编码时，注意阅读总说明里面的相关内容（见图 2－5）。

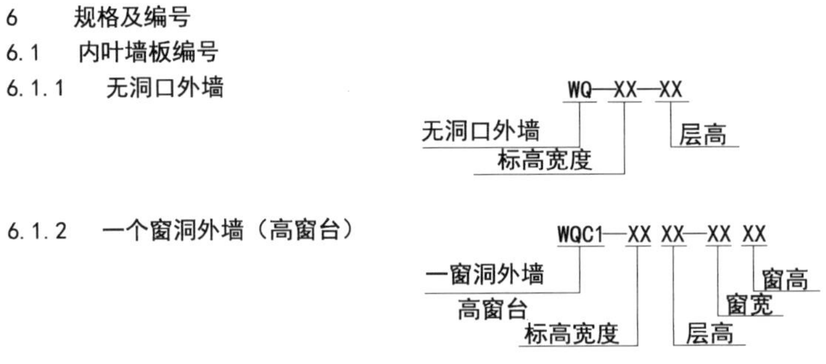


图 2－5　图集中 WQ 编号示意图

（2）内墙构件编号（NQ）。当出现类似 NQM1 －3328 －1021 等编码时，注意阅读总说明里面的相关内容（见图 2－6）。

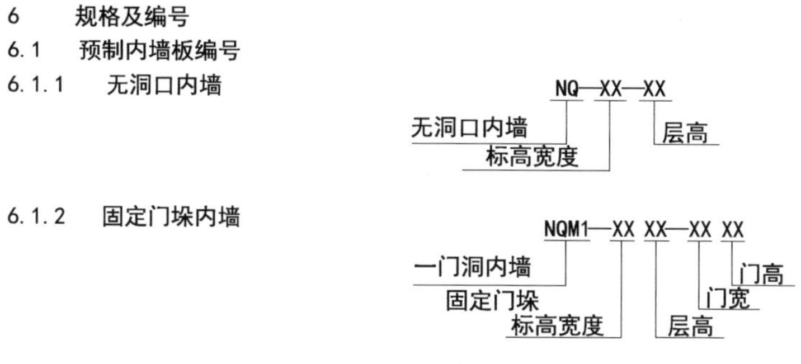


**图 2-6　图集中 NQ 编号示意图**

（3）叠合楼板构件编号：DBD（单向板）、DBS（双向板）。当出现类似 DBS2-6×-××15-21 等编码时，注意阅读总说明里面的相关内容（见图 2-7）。

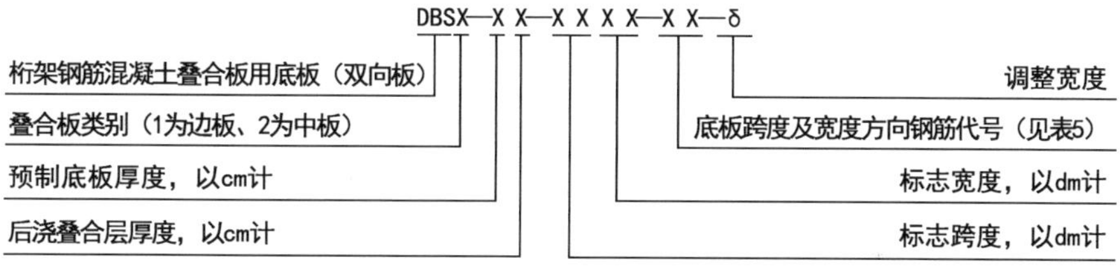


**图 2-7　图集中叠合楼板编号示意图**

（4）楼梯构件编号：ST（双跑楼梯）、JT（剪刀梯）。当出现类似 ST-××-××等编码时，注意阅读总说明里面的相关内容（见图 2-8）。

**图 2-8　图集中楼梯编号示意图**

（5）阳台板构件编号（YTB）。当出现类似 YTB－×－×××－××编码时，注意阅读总说明里面的相关内容（见图 2－9）。

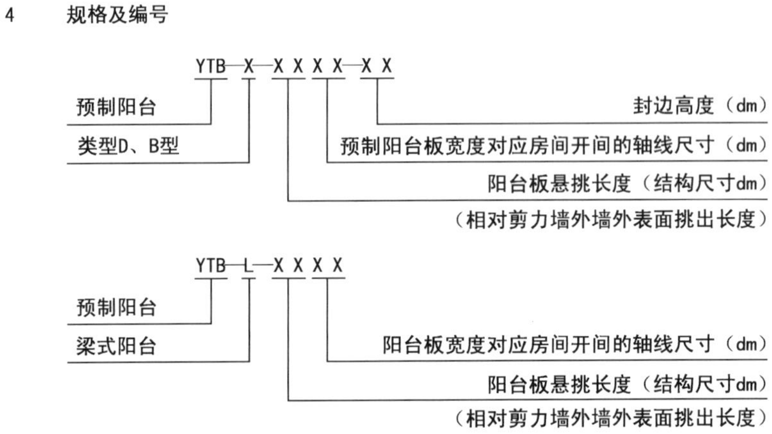


**图 2－9 图集中阳台板编号示意图**

（6）空调板构件编号：KTB。当出现类似 KTB－×－××××－××等编码时，注意阅读总说明里面的相关内容（见图 2－10）。

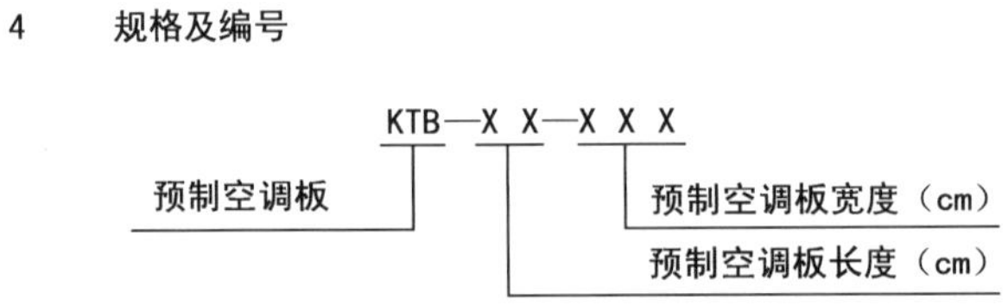


**图 2－10 图集中空调板编号示意图**

（7）预埋件编号。预埋件编号一般为 MJ1、MJ2、MJ3、MJ4……根据每个构件特性不同，设计图中会给出该预埋件规格和尺寸；电气预埋件编号一般为 DH，主要是电气插座和开关底盒的预埋（相关型号设计图就标明），还会有其他一些比较特殊的电气预埋，如配电箱、等电位箱等，特殊的箱体会给出特殊注明（见表 2－12）。

**表 2－12　　常见预埋件类别**

| 预埋件功能 | 名称 | 常用型号 | 示意图 |
|---|---|---|---|
| 脱模及吊装 | 吊钉 | 1.5(起吊吨位)×90(长)、1.5(起吊吨位)×170(长)、5(起吊吨位)×240(长) |  |
| 临时支撑 | 套筒 | MJ2、MJ3（双横杆） | 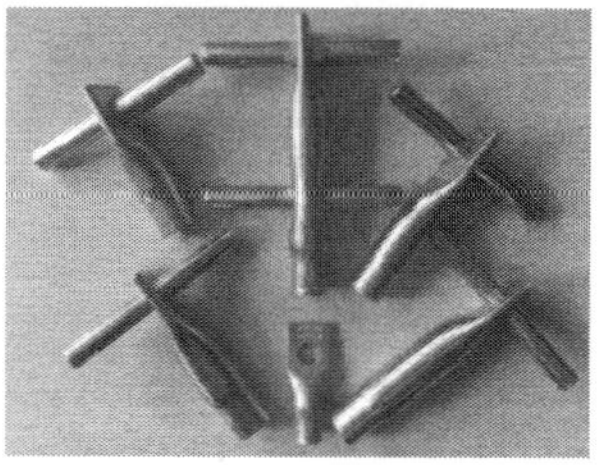 |
| | 组合件 | 钢板焊接 | 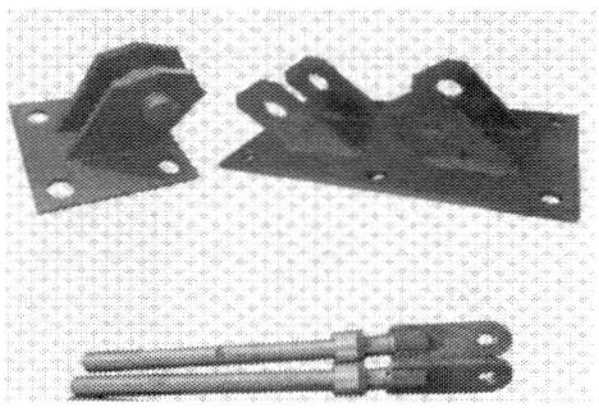 |
| 现场连接 | 半灌浆套筒 | ϕ14、ϕ16、ϕ18 |  |
| | 全灌浆套筒 | ϕ14、ϕ16、ϕ18 | 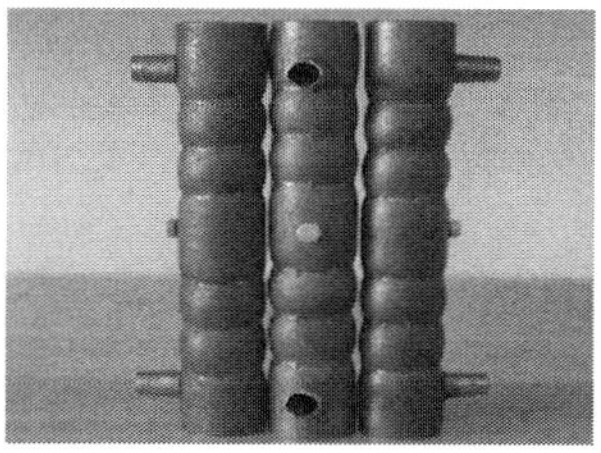 |

续表

| 预埋件功能 | 名称 | 常用型号 | 示意图 |
|---|---|---|---|
| 其他 | 构件内部满足使用功能的预埋件 | PVC 线管 | 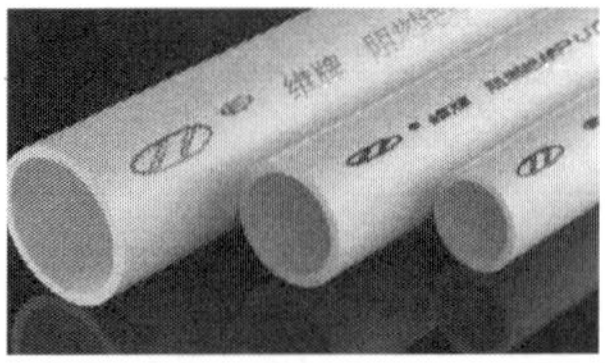 |
| | | 金属波纹管 |  |
| | | 拉结件 |  |
| | | 钢板预埋件 | 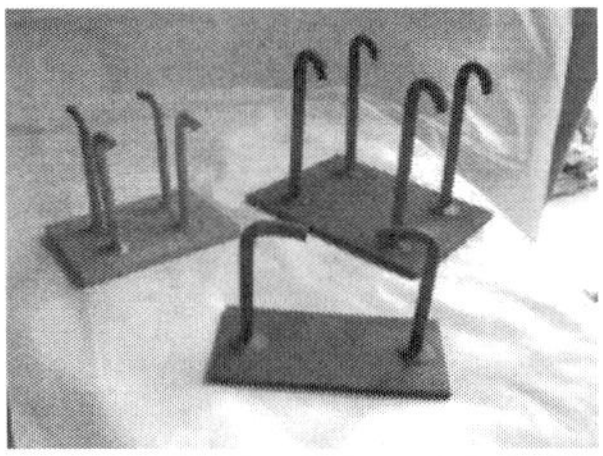 |

## 三、装配式混凝土结构的基本构件

装配整体式结构的基本构件主要包括柱、梁、剪力墙、楼（屋）面板、楼梯、阳台、空调板、女儿墙等，这些主要受力构件通常在工厂预制加工完成，待强度符合规定要求后进行现场装配施工。

## （一）预制混凝土柱

从制造工艺上看，预制混凝土柱包括预制混凝土实心柱和预制混凝土矩形柱壳两种形式，见图 2 - 11、图 2 - 12。预制混凝土柱的外观多种多样，包括矩形、圆形和工字形等。在满足运输和安装要求的前提下，预制混凝土柱的长度可达到 12 米或更长。

图 2 - 11　预制混凝土实心柱

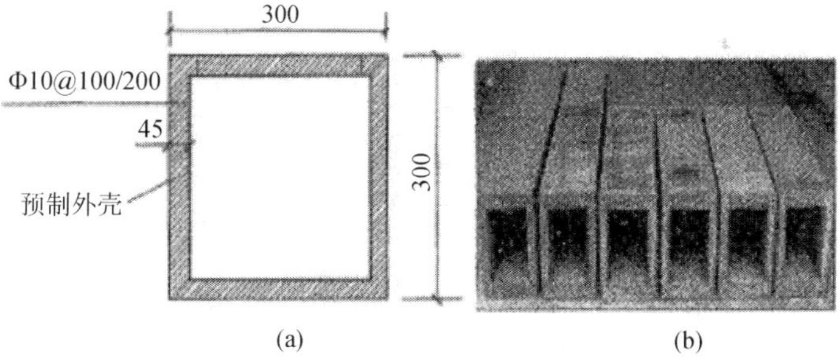


（a）外壳尺寸；（b）外壳实物

图 2 - 12　预制混凝土矩形柱壳

## （二）预制混凝土梁

预制混凝土梁根据制造工艺不同可分为两类：预制实心梁、预制叠合梁（见图 2 - 13、图 2 - 14）。预制实心梁制作简单、构件自重较大，多用于厂房和多层建筑中。预制叠合梁便于预制柱和叠合楼板连接，整体性较强，运用十分广泛。预制梁壳通常用于梁截面较大或起吊质量受到限制的情况，优点是便于现场钢筋的绑扎，缺点是预制工艺较复杂。

**图 2－13　搁置于柱上的预制实心梁**

**图 2－14　预制叠合梁**

以是否采用预应力来划分，预制混凝土梁可分为预制预应力混凝土梁和预制非预应力混凝土梁。预制预应力混凝土梁集合了预应力技术节省钢筋、易于安装的优点，生产效率高、施工速度快，在大跨度全预制多层框架结构厂房中具有良好的经济性。

### （三）预制混凝土剪力墙

预制混凝土剪力墙从受力性能角度分为预制实心剪力墙和预制叠合剪力墙，也称“双皮墙”。

1. 预制实心剪力墙

预制实心剪力墙是指将混凝土剪力墙在工厂预制成实心构件，并在现场通过预留钢筋与主体结构相连接（见图 2－15）。随着灌浆套筒在预制剪力墙中的使用，预制实心剪力墙的使用越来越广泛。

**图 2－15　预制实心剪力墙**

预制混凝土夹心保温剪力墙是一种结构保温一体化的预制实心剪力墙，由内叶、中间层和外叶三部分组成。内叶是预制混凝土实心剪力墙，中间层为保温隔热层，外叶为保温隔热层的保护层。保温隔热层与内叶、外叶之间采用拉结件连接。拉结件可以采用玻璃纤维钢筋或不锈钢拉结件。预制混凝土夹心保温剪力墙通常作为建筑物的承重外墙（见图 2－16）。

2. 预制叠合剪力墙

预制叠合剪力墙是指一侧或两侧为预制混凝土墙板，在另一侧或中间部位现浇混凝土，从而形成共同受力的剪力墙结构（见图 2－17）。预制叠合剪力墙具有制作简单、施工方便等优势。预制叠合剪力墙结构在德国广泛运用，在我国的上海和合肥等地已应用。

图 2－16　预制混凝土夹心保温剪力墙

图 2－17　预制叠合剪力墙

## （四）预制混凝土楼面板

预制混凝土楼面板按照制造工艺不同可分为预制混凝土叠合板、预制混凝土实心板、预制混凝土空心板、预制混凝土双 T 板等。

预制混凝土叠合板最常见的主要有两种，一种是桁架钢筋混凝土叠合板，另一种是预应力混凝土叠合楼板。

桁架钢筋混凝土叠合板属于制构件半成品，下部为预制混凝土底板，外露部分为桁架钢筋和主体连接面，见图 2－18、图 2－19。预制混凝土叠合板的预制部分厚度通常为 60mm，叠合楼板在工地安装到位后要进行二次浇筑，从而成为整体实心楼板。桁架钢筋的主要作用是将后浇筑的混凝土层与预制底板形成整体，并在制作和安装过程中提供刚度。伸出预制混凝土层的桁架钢筋和粗糙的混凝土表面保证了叠合楼板预制部分与现浇部分能够有效结合成整体。

图 2－18　叠合双向板

图 2－19　叠合单向板

预应力混凝土叠合楼板包括普通平板型预应力混凝土薄板叠合楼板和预制带肋底板混凝土叠合楼板（见图2－20、图2－21）。

**图2－20　预应力混凝土薄板叠合楼板**

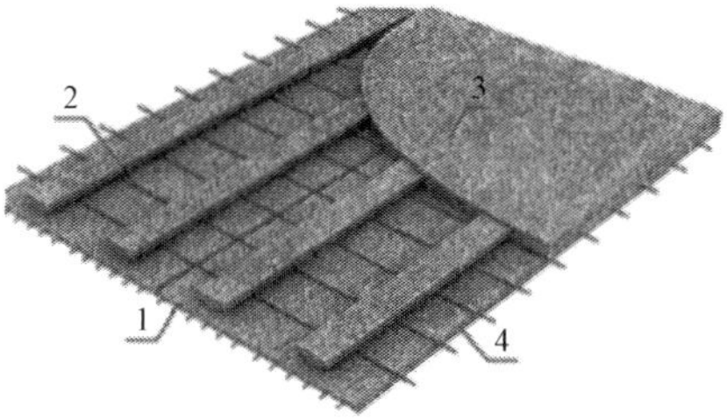


1－纵向预应力钢筋；2－横向穿孔钢筋；3－后浇层；4－预制底板

**图2－21　预制带肋底板混凝土叠合楼板**

预制混凝土实心楼板制作较为简单，预制混凝土实心楼板的连接设计也根据抗震构造等级的不同而有所不同，见图2－22。

**图2－22　预制混凝土实心楼板**

预制混凝土空心板和预制混凝土双T板通常适用于较大的跨度的多层建筑（见图2－23、图2－24），预应力双T板跨度可达到20m以上，如用高强轻质混凝土则可达到30m以上。

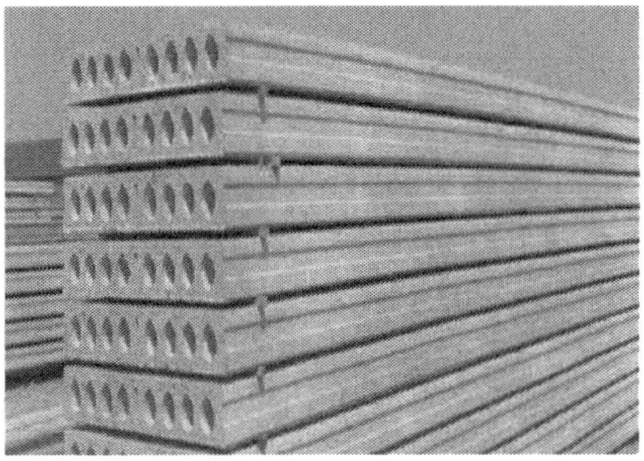

图 2-23 预制混凝土空心板

图 2-24 预制混凝土双 T 板

## (五) 预制混凝土楼梯

预制混凝土楼梯外观更加美观，避免在现场支模，节约工期。预制简支楼梯受力明确，安装后可作施工通道，解决运输问题，保证了逃生通道的安全（见图 2-25）。

图 2-25 预制混凝土楼梯

## (六) 预制混凝土阳台、空调板、女儿墙

1. 预制混凝土阳台

预制混凝土阳台通常包括预制实心阳台和预制叠合阳台，见图 2-26、图 2-27，预制用台板能够克服现浇阳台的缺点，解决了阳台支模复杂，现场高空作业费时费力的问题。

图 2－26　预制实心阳台

图 2－27　预制叠合阳台

2. 预制混凝土空调板

预制混凝土空调板通常采用预制混凝土实心板，板侧预留钢筋与主体结构相连，预制空调板通常与外墙板相连。预制混凝土空调板见图 2－28。

3. 预制混凝土女儿墙

女儿墙处于屋顶处外墙的延伸部位，通常有立面造型，采用预制混凝土女儿墙的优势是能快速安装，节省工期并提高耐久性。女儿墙可以是单独的预制构件，也可以是顶层的墙板向上延伸，顶层外墙与女儿墙预制为一个构件（见图 2－29）。

图 2－28　预制混凝土空调板

图 2－29　预制混凝土女儿墙

# 第七节
# 钢筋灌浆连接基本知识

现浇混凝土结构中常用的纵向钢筋连接方式有绑扎搭接、焊接连接、机械连接等。由于装配式混凝土结构的连接部位较小，采用这些传统的钢筋连接方式不便于施工。20 世纪 60 年代，余占疏博士在美国发明了钢筋灌浆套筒连接接头，很好地解决了装配式结构中的纵向钢筋连接问题，可有效地实现“装配等同现浇”的设计要求。目前，国内装配式建筑钢筋灌浆连接基本分为灌浆套筒连接和浆锚连接两大类。

## 一、灌浆套筒连接

钢筋连接用灌浆套筒（简称“灌浆套筒”）是采用铸造工艺或机械加工工艺制造，用于钢筋灌浆套筒连接的金属套筒。

从连接方式上，它可以大致分为全灌浆套筒和半灌浆套筒。全灌浆套筒的特点是筒体两端均采用灌浆方式连接钢筋的灌浆套筒。全灌浆套筒样式见图 2－30。

半灌浆套筒筒体一端采用灌浆方式连接，另一端采用机械连接钢筋的灌浆套筒。同样从套筒自身结构组成上分为整体式灌浆和分体式灌浆，前者是由一个单元组成的半灌浆套筒，后者是由相互独立的灌浆端筒体和螺纹连接单元组成的半灌浆套筒。半灌浆套筒样式见图 2－31。

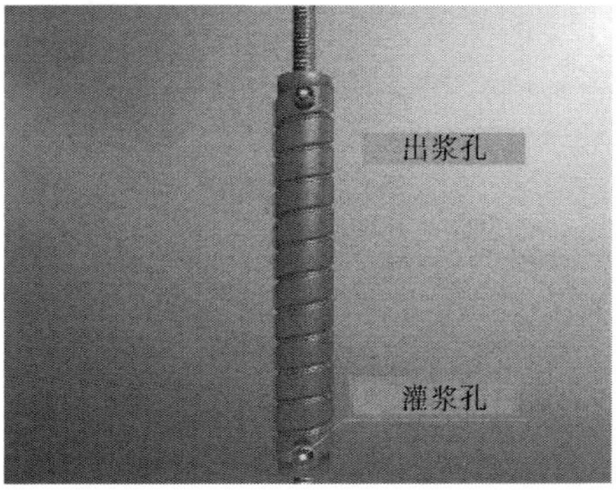


**图 2－30　全灌浆套筒示意图**

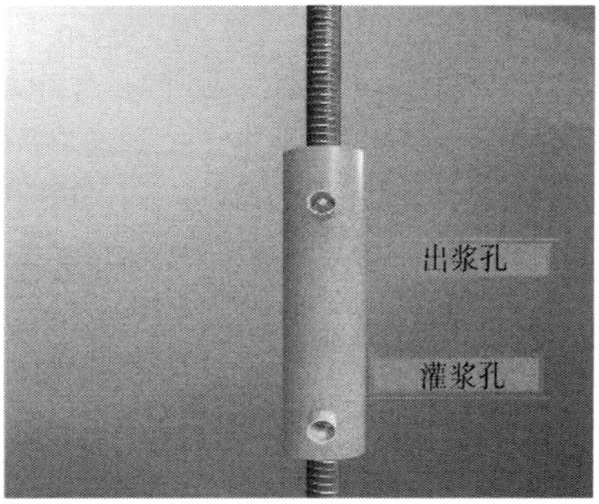


**图 2－31　半灌浆套筒示意图**

从机械连接的一头来看，半灌浆套筒也可以细分为以下三种。

（1）直接滚轧直螺纹半灌浆套筒筒体非灌浆端钢筋采用直接滚轧直螺纹方式连接的半灌浆套筒；

（2）剥肋滚轧直螺纹半灌浆套筒筒体非灌浆端钢筋采用剥肋滚轧直螺纹方式连接的半灌浆套筒；

（3）镦粗直螺纹半灌浆套筒筒体非灌浆端钢筋采用镦粗宜螺纹方式连接的半灌浆套筒。

从加工方式上，它有如下五种主要方式：铸造、机械加工、混凝土“育孔”、预埋孔道、拼接留孔。其中，机械加工主要有两种方式：切削加工、挤压加工。

灌浆套筒是指带肋钢筋插入套筒后，将专用灌浆料充满套筒与钢筋的间隙，灌浆料硬化后与钢筋横肋和套筒内壁形成紧密啮合，从而实现钢筋和套筒之间的有效传力，达到Ⅰ级接头性能。

灌浆套筒是目前我国装配式建筑规范推荐的常用钢筋用连接方式。灌浆套筒的技术成熟、适用面广。该连接技术在连接部位形成刚性节点，节点构造具有与现浇节点相近的受力性能，可适用于大直径钢筋连接。但是灌浆套筒工艺流程较为复杂，施工难度高，套筒及灌浆料的成本较高。由于灌浆套筒连接的质量检测比较困难，施工过程中，对于连接节点处灌浆套筒质量、预制构件生产的精度、安装施工的组织和管理要求较高。

灌浆套筒节点的力学性能会因受到套筒、灌浆料材料质量和施工质量等影响而产生缺陷。封浆层、灌浆口、出浆口密封不严及空气夹层均能导致套筒顶部或中部出现空洞。预制构件的尺寸偏差，会导致构件和套筒的偏心及浆料流动不畅。灌浆料拌制后施工时间过长，会导致浆料流动性下降，会影响套筒内受力传递，进而导致浆料不密实而引起受力性能降低。因而，可以通过专项技能培训、计量控制、质量控制等措施，增强对施工效果的管控，保证施工的质量。

## 二、浆锚连接

钢筋浆锚连接是在预制构件中预留孔洞，受力钢筋分别在孔洞内外通过间接搭接实现钢筋间应力的传递。从预制构件表面外伸一定长度的不连续钢筋插入所连接的预制构件对应位置的预留孔道内，钢筋与孔道内壁之间填充无收缩、高强度灌浆料，形成钢筋浆锚连接，目前国内普遍采用的连接构造包括约束浆锚连接和金属波纹管浆锚连接。钢筋浆锚连接样式见图 2－32。

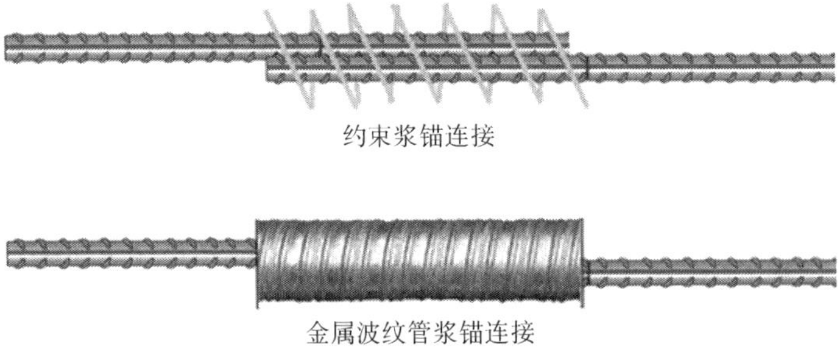


**图 2－32　钢筋浆锚连接示意图**

约束浆锚连接是在接头范围预埋螺旋箍筋，并与构件钢筋同时预埋在模板内；通过抽芯制成带肋孔道，并通过预埋 PVC 软管制成灌浆孔与排气孔用于后续灌浆作业；待不连续钢筋伸入孔道后，从灌浆孔压力灌注无收缩、高强度水泥基灌浆料；不连续钢筋通过灌浆料、混凝土，与预埋钢筋形成搭接连接接头（见图2－33）。

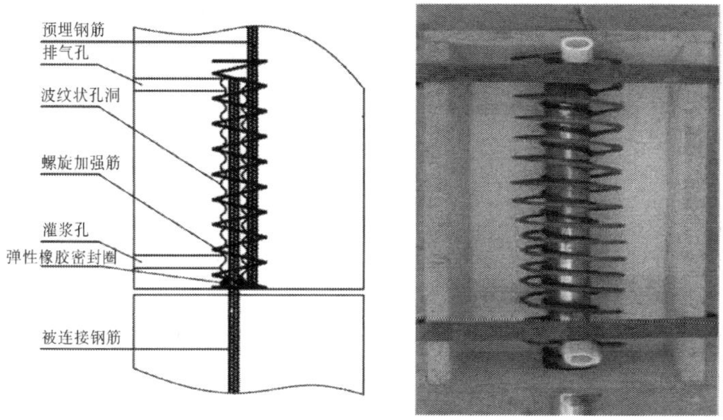


**图2－33　约束浆锚连接示意图**

金属波纹管浆锚搭接连接采用预埋金属波纹管成孔，在预制构件模板内，波纹管与构件预埋钢筋紧贴，并通过扎丝绑扎固定；波纹管在高处向模板外弯折至构件表面，作为后续灌浆料灌注口；待不连续钢筋伸入波纹管后，从灌注口向管内灌注无收缩、高强度水泥基灌浆料；不连续钢筋通过灌浆料、金属波纹管及混凝土，与预埋钢筋形成搭接连接接头（见图2－34）。

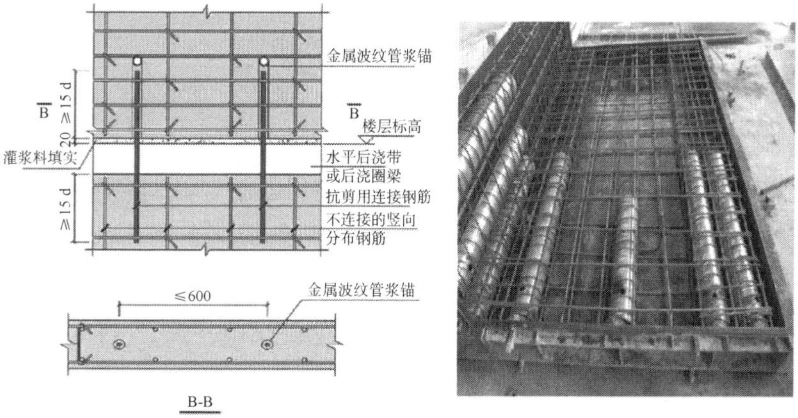


**图2－34　金属波纹管浆锚连接示意图**

## （一）浆锚连接的特点

浆锚搭接技术在欧洲有多年的应用历史，也称“间接搭接”或“间接锚固”。我国已有多家单位对间接搭接技术进行了一定数量的研究工作，如哈尔滨工业大学、黑龙江宇辉新型建筑材料有限公司等对这种技术进行了大量研究，也取得了许多研究成果。

两种成型方式对比：采用金属棒预埋初凝后旋出时容易造成孔壁损坏，也比较费工；因此金属波纹管方式更为可靠、简单。

## （二）浆锚搭接的局限性

无论约束浆锚连接还是金属波纹管浆锚连接，其不连续钢筋应力均通过灌浆料、孔道材料（预埋管道成孔）及混凝土之间的粘结应力传递至预制构件内预埋钢筋，实现钢筋的连续传力。根据其传力方式，待连接钢筋与预埋钢筋之间形成搭接连接接头，考虑到钢筋搭接连接接头的偏心传力性质，相比钢筋用套筒连接顶留钢筋的长度要长得多，且体积大、压力灌浆的难度也大得多，但是单仓体积大灌浆通畅度要好得多。

纵向钢筋采用浆锚搭接连接时，对预留孔成孔工艺、孔道形状和长度、构造要求、灌浆料和被连接钢筋，应进行力学性能以及适用性的试验验证（即工艺检训）。

直径大于20mm的钢筋不宜采用浆锚搭接连接；直接承受动力载荷构件的纵向钢筋不应采用浆锚搭接连接；装配式混凝土建筑国家标准和行业标准规定，浆锚搭接可用于框架结构3层（不超过12m）以下，对剪力墙结构没有明确限制，只是规定如边缘构件全部采用浆锚搭接，建筑最大适用高度比现浇建筑降低30m。

# 第八节
# 灌浆施工材料基础知识

## 一、钢筋

钢筋是建筑预制构件最常用的材料之一。它的分类方法很多，但最主要的是按化学成分、质量、用途和冶炼方法分类。钢筋按化学成分可分为碳素钢和合金钢两大类。装配式建筑预制构件钢筋选用依据《混凝土结构设计规范》GB 50010—2010 规范要求。热轧钢筋是建筑工程中用量最大的钢材品种之一，主要用于钢筋混凝土结构和预应力混凝土结构的配筋。建筑预制构件一般选用具有较好的延性、可焊性、机械连接性能及施工性的 HRB 系列普通强热轧带肋钢筋，其纵向受力的主导钢筋一般采用 400MPa 级、500MPa 级高强热轧带肋钢筋。

钢筋的验收应符合国家现行标准《钢筋混凝土用钢第 2 部分：热轧带肋钢筋》GB 1499. 2—2018 和《混凝土结构工程施工质量验收规范》GB 50204—2015 的有关规定，此外还应符合预制构件设计要求。

钢筋验收的主控项目：屈服强度、抗拉强度、断后伸长率等；一般项目：重量偏差、弯曲性能、化学成分。

热轧钢筋从外形可分为光圆钢筋和带肋钢筋，与光圆钢筋相比，带肋钢筋与混凝土之间的握裹力大，共同工作性能较好（见图 2 – 35、图 2 – 36）。

图 2－35　条纹钢筋

图 2－36　光圆钢筋

预制部品、部件中常见钢筋的使用规格、强度标准见表2－13、表2－14。

表 2－13　　常用钢筋规格标准表

<table>
<tr><th rowspan="2">公称直径（D）</th><th colspan="2">内径（D）</th><th colspan="2">横肋高（H）</th></tr>
<tr><th>公称尺寸</th><th>允许偏差</th><th>公称尺寸</th><th>允许偏差</th></tr>
<tr><td>6</td><td>5.8</td><td>±0.3</td><td>0.6</td><td>±0.3</td></tr>
<tr><td>8</td><td>7.7</td><td rowspan="6">±0.4</td><td>0.8</td><td>+0.4<br>−0.3</td></tr>
<tr><td>10</td><td>9.6</td><td>1.0</td><td>±0.4</td></tr>
<tr><td>12</td><td>11.5</td><td>1.2</td><td rowspan="3">+0.4<br>−0.5</td></tr>
<tr><td>14</td><td>13.4</td><td>1.4</td></tr>
<tr><td>16</td><td>15.4</td><td>1.5</td></tr>
<tr><td>18</td><td>17.3</td><td>1.6</td><td rowspan="2">±0.5</td></tr>
<tr><td>20</td><td>19.3</td><td rowspan="3">±0.5</td><td>1.7</td></tr>
<tr><td>22</td><td>21.3</td><td>1.9</td><td rowspan="3">±0.6</td></tr>
<tr><td>25</td><td>24.2</td><td>2.1</td></tr>
<tr><td>28</td><td>27.2</td><td rowspan="3">±0.6</td><td>2.2</td></tr>
<tr><td>32</td><td>31.0</td><td>2.4</td><td>+0.8<br>−0.7</td></tr>
<tr><td>36</td><td>35.0</td><td>2.6</td><td>+1.0<br>−0.8</td></tr>
</table>

表 2-14　常用热轧钢筋的品种、规格及强度标准值

| 表面形状 | 种类 | d（mm） | $f_{yk}$（$N/mm^2$） | 执行标准 |
|---|---|---|---|---|
| 光圆 | HPB235（Q235） | 8～20 | 235 | GB 13013 |
| 带肋 | HRB335（20MnSi）① | 6～50 | 335 | GB 1499 |
| | HRB400［200MnSiV、20MnSiNb、20MTi］ | 6～50 | 400 | |
| | RRB400（K20MnSi） | 8～40 | 400 | GB 13014 |

注：①钢筋名称中前面的数字代表平均含碳量（以万分之一计）。

注：表 2-14 中，HPB235 级钢筋属低碳钢，强度较低，外形为光圆，它与混凝土的粘结强度较低，主要用作板的受力钢筋、箍筋以及构造钢筋。HRB335 级和 HRB400 级钢筋为低合金钢，是钢筋混凝土用的主要受力钢筋。HRB400 级钢筋也称“新Ⅲ级钢”，是我国规范提倡使用的钢筋品种。RRB400 级钢筋为余热处理钢筋，也可用作主要受力钢筋。

钢筋的主要性能包括力学性能和工艺性能。其中，力学性能是钢材最重要的使用性能，包括抗拉性能、冲击性能、耐疲劳性等。工艺性能表示钢材在各种加工过程中的能力，包括冷弯性能、可焊性能及反复弯曲性能。

常用的预应力钢筋有冷拉 III 级钢筋、冷拉 IV 级钢筋、冷轧带肋钢筋、热处理钢筋、高强钢丝等。对预应力钢筋有如下要求。

（1）与混凝土要有较好的粘结力。特别在先张法中，预应力钢筋与混凝土之间必须有较高的粘结自锚强度。对一些高强度的光面钢丝就要经过“刻痕”“压波”或“扭结”，使它形成刻痕钢丝、波形钢丝及扭结钢丝，增加粘结力。

（2）要有足够的塑性和良好的加工性能。钢材强度越高，其塑性越低。钢筋塑性太低时，特别当处于低温和冲击荷载条件下，就有可能发生脆性断裂。良好的加工性能是指焊接性能好，以及采用镦头锚板时，钢筋头部镦粗后不影响原有的力学性能等。

## 二、灌浆套筒

灌浆套筒是金属材质圆筒，从材料上分为用于结构体系的主要有铸铁（球墨铸铁）、低碳钢 45 号、合金钢等。

### （一）灌浆金属套筒的结构

从钢筋连接用套筒自身来看他由复杂的筒身结构和上下两端的端口、出浆孔、注浆孔、内置或镶嵌形式的钢筋伸入定位系统、上端口的挡堵装置组成。

上下两端的端口在预制构件预埋钢筋连接用套筒上端的结构可以根据连接方式划分：①半灌浆套筒上端为机械加工接头，另一端为浆锚连接；②其中分体式半灌浆套筒的上部端口比较特殊：由两头同心圆筒结构的直螺纹组成；③全灌浆套筒的上部端口比较简单是由套筒的端部和上端口的挡堵装置组成一般还充当钢筋中心定位的限制器。其外形形式应符合《钢筋连接用灌浆套筒》JGT 398 中的规定（见图 2 - 37）。

出浆孔、注浆孔分别位于套筒筒身两端边缘中心距 15 ~ 25mm 处，两孔有明显突出筒体高度一般为 15 ~ 30mm，套筒厂家设计比较合理的话会，在出浆孔与注浆孔的突出外壁部分留有螺纹或倒刺以便接孔牢靠，出浆孔的内径一般为 12 ~ 16mm，壁厚根据材质确定。它们与筒身的连接要牢固可靠主要有三种连接方式：焊接、机械螺纹连接、一体成型。

钢筋定位系统由上端口的挡堵装置组成和定位销或者定位内置环形结构组成的筋中心定位和钢筋伸入长度定位，上端钢筋中心定位是由上端口的挡堵装置完成的，一般材质为硬质橡皮制成，它与套筒筒身的卡位结构形成一个牢靠的整体，在穿插钢筋时紧紧地握住钢筋几乎不会脱落，并且通过挤压牢靠的紧贴在套筒筒身端口，在中心位置会留有镂空的同心圆用于定位钢筋进入套筒中心位置，因为钢筋只有在中心位置与浆体的（接触面积）垂直锚入长度才最大，那么对于灌浆料握裹钢筋的力才能发挥到最大。定位销或者定位内置环形结构一般置于套筒的长度中心处，此处的长度应计算有效设计，灌浆握裹深度不包括入钢筋调整用长度和不易灌浆饱满处及上端口的挡堵装置所占有的长度，它的作用是保证两次不同时间、不同工序中预留插筋深度过大占据了另一端钢筋长度的设施是重要的结构保证，在后面关于此处钢筋锚固长度要求会进行详细的介绍。

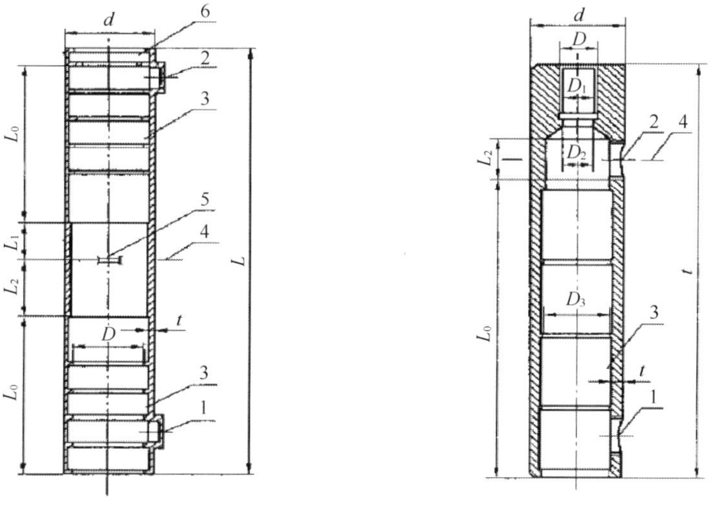


（a）全灌浆套筒　　（b）半灌浆套筒

说明：
1——灌浆孔；
2——排浆孔；
3——剪力槽；
4——强度验算用截面；
5——钢筋限位挡块；
6——安装密封垫的结构。

尺寸：
$L$ ——灌浆套筒总长；
$L_0$ ——锚固长度；
$L_1$ ——预制端预留钢筋安装调整长度；
$L_2$ ——现场装配端预留钢筋安装调整长度；
$t$ ——灌浆套筒壁厚；
$d$ ——灌浆套筒外径；
$D$ ——内螺纹的公称直径；
$D_1$ ——内螺纹的基本小径；
$D_2$ ——半灌浆套筒螺纹端与灌浆端连接处的通孔直径；
$D_3$ ——灌浆套筒锚固段环形突起部分的内径。

**图 2－37　标准中套筒示意图**

筒身结构是在套筒自身材料力学性能可靠的前提下通过不同的

加工工艺制成的，其工艺过程层出不穷，但是在结构上都由共同点在套筒筒身的外侧面圆柱面上是由深为2mm、宽为2mm的剪力槽及外部防滑构造组成，铸件一般采用毛化粗糙抛丸工艺完成，钢质的套筒通过热锻挤压、退火成型，一般套筒直径为12～20mm的剪力槽不能少于3个、套筒直径为22～32mm不能少于4个、套筒直径为32～40mm不能少于5个。组成筒身筒壁的厚度应根据材料的抗拉性能决定。机械加工的钢制套筒直径为12～14mm厚度应不小于2.5mm，直径为16～40mm厚度不小于3mm；铸件因为延伸率较低体现为脆性壁厚，相较于钢制的厚0.5mm和1mm。由钢制或者铸件形成的复杂外形和严格壁厚要求形成的圆筒中空的筒型内壁的直径称为套筒的内径，匹配于不同钢筋外形，由于国内外钢筋的外形有着较大的差异，我国的钢筋一般为肋形结构且钢筋的直径多为负偏差，相较于国外的套筒内壁一般较大钢筋直径为12～25mm控制最小钢筋与套筒内径间距差为大于10mm、钢筋直径为25～40mm控制最小钢筋与套筒内径间距差为大于15mm，这里我们会发现并没有设置最大内径是考虑各个工程的复杂情况和难易程度，一般设计单位或者施工单位可以与工厂协调处理但不宜过大。一方面套筒过大会影响灌浆料的用量不经济，另一方面直径过大浆料的收缩沉降会影响钢筋套筒对硬化浆体的约束和硬化浆体对锚固钢筋的约束，更重要的是会增加灌浆的内压对施工保证套筒的密实性带来负面影响和施工难度。

## （二）套筒连接一般要求

在装配整体式混凝土结构中，套筒灌浆连接主要用于墙、柱重要竖向连接构件中的同截面钢筋连接，其连接性能应满足《钢筋机械连接技术规程》JGJ 107—2016中的Ⅰ级接头的要求。

套筒灌浆连接施工应采用由接头型式检验确定的匹配灌浆套筒、灌浆料，灌浆套筒、灌浆料经检验合格后方可使用。

《装配式混凝土结构技术规程》JGJ 1—2014强制性条文：预制

构件采用钢筋套筒灌浆连接时，应在构件生产前进行钢筋套筒灌浆连接接头的抗拉强度试验，每种规格的连接接头试件数量不少于3个。

钢筋连接用套筒的原材料检验。

（1）材料的力学性能。球墨铸铁取样制作样品：铸造灌浆套筒材料性能取样应采用单铸试块的方式，试样制备应符GB/T 1348的规定（见图2－38）。

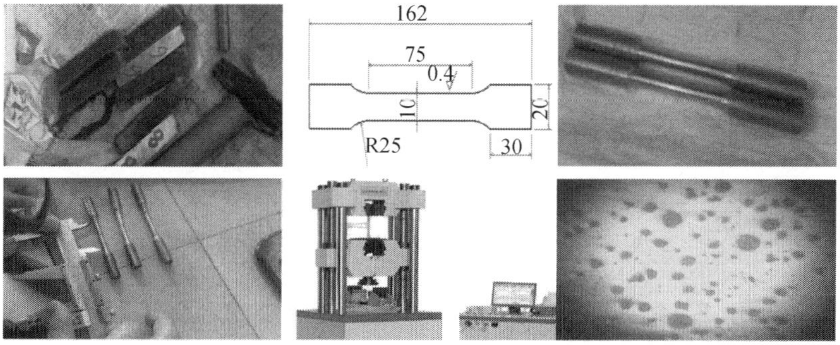


图2－38　套筒材料性能取样示意图

（2）钢制机加工取样制作样品。采用机械加工工艺的灌浆套筒材料性能取样应通过原材料的方式，取样位置和试样制备应符合GB/T 2975的规定（见图2－39）。

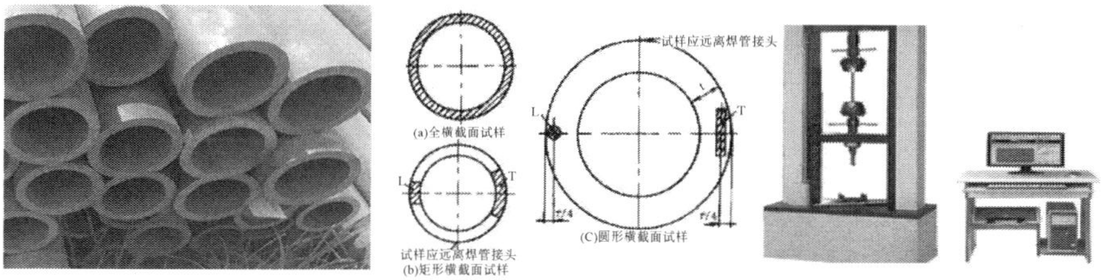


图2－39　套筒材料试样制备示意图

灌浆套筒材料力学性能试验方法应按GB/T 228.1的规定进行。

（3）球化率。取样与试样制备：铸造灌浆套筒宜采用本体试样，从灌浆套筒中间位置取垂直套筒轴线的环状横截面试样，试样制备应符合 GB/T 13298 的规定。

试验方法，按照 GB/T 9441 的规定，测量 3 个球化差的视场，取平均值。

（4）硬度。取样与试样制备：铸遗灌浆套筒取样宜采用本体试样，也可以采用同等条件下单铸试块的方式试验方法。

采用直径为 2. 5 mm 的硬质合金球，试验力为 1. 839kN，取 3 点试救方法应按 GB/T 231. 1 的规定进行。

（5）外观和尺寸。灌浆套筒材料外观检验可采用目测方法，尺寸检验应采用游标卡尺或专用量具。

（6）灌浆套筒外观检验可采用目测。外径要厚、长度、凸起内径检验应采用游标卡尺或专用量具，卡尺精度不应低于 0. 02 mm；灌浆套筒外径应在同一截面相互垂直的两个方向测量，取其平均值；壁厚的测量可在同一藏面相互垂直的两方向测量套筒内径，取其平均值，通过外径、内轻尺寸计算出壁厚。当灌浆套筒为不等壁厚结构时，应按产品设计图测量其拉伸力最大处，并记为套筒壁厚值。对于外径为光滑表面的套筒，可以采用超声波测厚仪测量厚度值。

（7）内螺纹中径应使用螺纹塞规检验，外螺纹中径应使用螺纹环规检验，内螺纹小径和外螺纹大径可用光规或游标卡尺测量。

（8）灌浆连接段凹槽大孔应使用内卡规检验，卡规精度不应低于 0. 02mm。

（9）剪力槽数量可采用目测。剪力槽宽度和凸台轴向宽度、径向高度应采用游标卡尺或专用量具检验，也可采用纵向截面副切后测量。

（10）全灌浆套筒的轴向定位点深度应使用钢板尺，卡尺或专用量具检验。

（11）将灌浆套筒极服抗拉强度不小于其标准值 1. 15 倍的钢筋，实际承载力不小于被连接钢筋受拉承载力标准值 1. 20 倍的高强度工具杆和符合 JGJ 5 型式检验要求的灌浆料，灌浆应按照

JG 35 规定的套筒灌浆连接接头型式检验试件制作方法，非灌浆安装应按照 JGJ 107 规定的直螺纹接头制作方法，制成对中接头试件 3 个，按照 JGJ 107 规定的单向拉伸加载制度试验，记录每个灌浆接头试件的屈服强度值、极限抗控强度值、残余变形值和最大力伸长率。

## （三）套筒的成品检验制度

灌浆套筒检验应分为出厂检验和型式检验。

1. 出厂检验

出厂检验项目为灌浆套筒出厂检验项目应包括灌浆套筒外观、标记、外形尺寸和抗拉强度，并应符合下列规定。

（1）灌浆套筒外观、标记、外形尺寸检验项目应符合相关的规定；

（2）灌浆套筒抗拉强度按规定的试验方法，检验套筒灌浆连接接头试件的极限抗拉强度值，检验结果应符合规范的规定。

取样及判定规则。取样及判定规则应符合下列规定。

①灌浆套筒外观、标记、外形尺寸检验：以连续生产的同原材料间类型、同型式、同规格、同批号的 1000 个或少于 1000 个套筒为 1 个验收批，随机抽取 1 个进行检验。当合格率不低于 97% 时，应判定为该验收批合格；当合格率低于 97% 时，应加倍抽样复检，当加倍抽样复检合格率不低于 97% 时，应判定该验收批合格；若合格率仍小于 97% 时，该验收批应逐个检验，合格后方可出厂。当连续 10 个验收批 1 次抽检均合格时，验收批抽检比例可由 10% 减为 5% 。

②灌浆套筒抗拉强度检验：灌浆套筒连续生产时宜至少做 1 次灌浆套筒抗拉强度试验。以同原材料、同类型、同规格的灌浆套筒为 1 个验收批，随机抽取 3 个灌浆套筒试件进行检验。当每个试件都满足规范的要求时，应判定为该验收批合格；当有 1 个试件不合格时，应再随机抽取 6 个试件进行抗拉强度复检，当复检的试件全部合格时，可判定该验收批合格；如果复检试件中仍有 1 个试件不

合格，则判定该验收批为不合格。

2. 型式检验

（1）有下列情况之一时，应进行型式检验：

①灌浆套筒产品定型时；

②灌浆套筒材料、工艺、结构发生改变时；

③与灌浆套筒匹配的灌浆料型号、成分发生改变时；

④钢筋强度等级、肋形发生变化时；

⑤型式检验报告超过4年时。

以上5种情况有任意一项不符合要求的都应该重新取样进行形式检验，其中第五项的有效期的起始时间是以套筒进场（厂）为时间计算的，套筒的形式检测报告可以由套筒厂家匹配，也可以由灌浆料厂家出具，同样也可以有购买方或使用方匹配出具报告，但是检测匹配过程必须在检测方的监督下进行。

（2）形式检验的相关规定。灌浆套筒型式检验项目应包括灌浆套筒外观，标记、外形尺寸和钢配套筒灌浆连接接头型式检验，并应符合下列规定。

①灌浆套筒外现、标记、外形尺寸型式检验项目、检验方法和判定依据应符合规范的规定；

②灌浆套筒制成钢筋套筒灌浆连接援头的型式检验应按照规范的试验方法，检验套筒灌浆连接接头试件的对中和偏位单向拉力、高应力反复拉压、大变形反复拉压的强度和变形，检验结果应符合规范的规定。

3. 试件制备和数量

试件制备和数量应符合下列规定。

（1）对每种类型、缓别、规格、材料、工艺的同径钢筋套筒灌浆连接接头应进行型式检验，接头试件和灌浆料拌合物试件的制作应符合JGJ 355规定的套筒灌浆连接接头型式检验试件要求，接类试件数量不应少于12个；其中，对中单向拉伸试件不应少于3个，偏置单向拉伸试件不应少于3个，高应力反复控压试件不应少于 3 个，大变形反复拉压试律不应少于 3 个；灌浆料拌合物 40mm×40mm×160mm 的试件不应少于 1 组，并宜留设不少于 2 组；同时应另取 3 根钢筋试件做抗拉强度试验。

（2）用于型式检验的接头试件应在型式检验单位监督下由查检单位制作，接头试件制作前应由型式检验单位先对送样接头试件的灌浆套筒外观、标记，外形尺寸，匹配灌浆料、钢筋或钢筋丝头进行检验，检验合格后应由接头技术提供单位按规定的匹配灌浆料拌合物的制备，半灌浆应在规定的旋紧力矩值进行注浆和装配制底接头试件，同时制成 40mm×40mm×160mm 的灌浆料拌合物试件。

（3）接头试件和灌浆料控合物试件应在标准养护条件下养护。

（4）型式检验试件应采用未经预拉的试件。

（5）型式检验试验时，灌浆料拌合物试件的抗压强度不应小于 $80N/mm^2$，不应大于 $95N/mm^2$。

（6）当灌浆料拌合物试件的 28d 抗压强度合格指标高于 $85N/mm^2$时，型式试验时灌浆料拌合物试件的抗压强度低于 28d 抗压强度合格指标的数值不应大于 $5N/mm^2$，且超过 28d 抗压强度合格指标的敷值不应大于 $10N/mm^2$ 与 0.1 实际抗压之两者的较大值。当型式检验试验时灌浆料排合物试件的执压强度低于 28d 抗压强度合格指标时，应增加检验灌浆料增加试件的 28d 抗压强度检验。

4. 灌浆套筒合格条件

当型式检验试验结果符合下列规定时，应判定灌浆套筒为合格。

（1）外观、标志、外形尺寸检验：对送交型式检验的灌浆套筒，其应符合规范的判定依据要求。由检验单位检验，并参照规范条款表格规定记录。记录应包括螺纹连接处的安装扭矩。

（2）强度检验：每个套筒灌浆连接接头试件的强度实测值均应符合规定。当接头拉力达到连接钢筋抗拉荷载标准值的 1.15 倍而未发生破坏时，可停止试验。

（3）变形检验：对残余变形和最大力总伸长率，每组 3 个套筒灌浆连接接头试件实测值的平均值应符合规定。

（4）型式检验报告应符合相应规范的要求。

## （四）灌浆套筒产品技术参数示例

目前，国内灌浆套筒生产厂家主要有北京思达建茂（JM）、上海利物宝、深圳现代营造、中建机械、深圳盈创、建研科技股份有限公司等。下面介绍几种典型灌浆套筒产品，产品类型及参数引自本手册编制之时相关产品官方网站的技术手册，仅供参考。

1. 北京思达建茂（JM）

思达建茂灌浆套筒有半灌浆套筒和全灌浆套筒两种类型（见图 2－40）。

半灌浆套筒材料为优质碳素结构钢或合金结构钢，抗拉强度不应小于 600MPa，屈服强度不应小于 355 MPa，断后伸长率不应小于 16%。半灌浆套筒又分为标准套筒和变径套筒。半灌浆套筒竖向连接异径钢筋时，当灌浆端连接钢筋直径小时，采用表 2－15 中螺纹连接端钢筋的标准套筒，灌浆端连接钢筋的插入深度为该标准套筒规定的深度 $L_1$ 值；当灌浆端连接钢筋直径大且连接钢筋直径相差一级时，采用变径套筒。变径套筒参数按以下原则设计：套筒外径、长度及灌浆连接端各参数均与灌浆端连接钢筋的标准套筒相同，套筒螺纹连接端的内螺纹参数与连接的相应小直径钢筋的标准套筒的内螺纹参数相同。见表 2－16。全灌浆套筒材料为 45 号优质碳素结构钢，采用机械加工方式，适用抗拉强度不应小于 540 MPa，屈服强度不应小于 400MPa 的各类带肋钢筋。全灌浆套筒两端装有橡胶密封环，灌浆孔、出浆孔在套筒两端。全灌浆套筒参数见表 2－17。

2. 上海利物宝

上海利物宝的灌浆套筒产品主要有全灌浆球磨铸铁铸造套筒、梁用全灌浆套筒、梁用分体式全灌浆套筒，如图 2－41 至图 2－43 所示。其主要技术参数见表 2－18 至表 2－20。

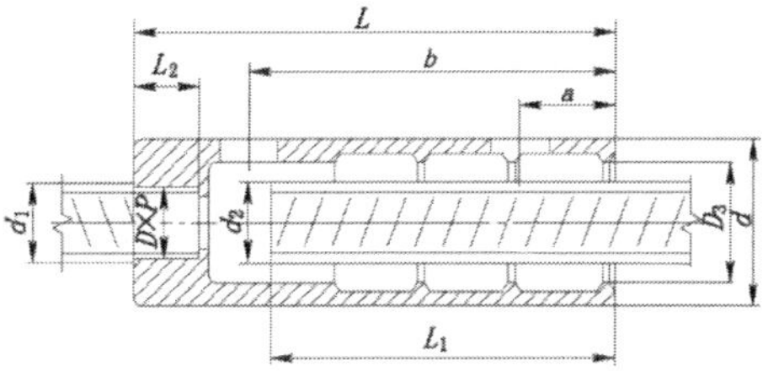


（a）半灌浆套筒

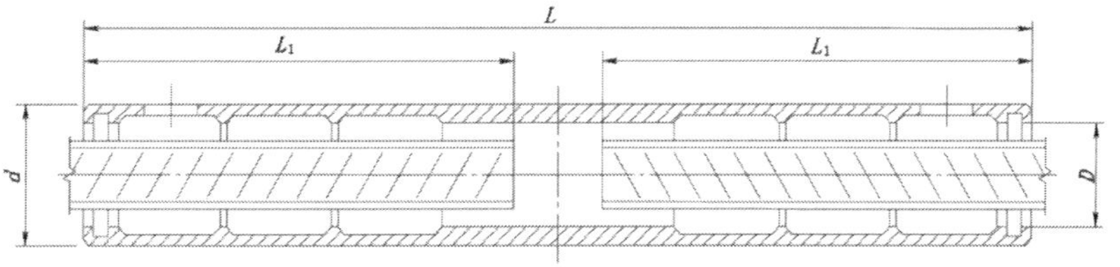


（b）全灌浆套筒

**图 2－40　北京思达建茂（JM）灌浆套筒示意图**

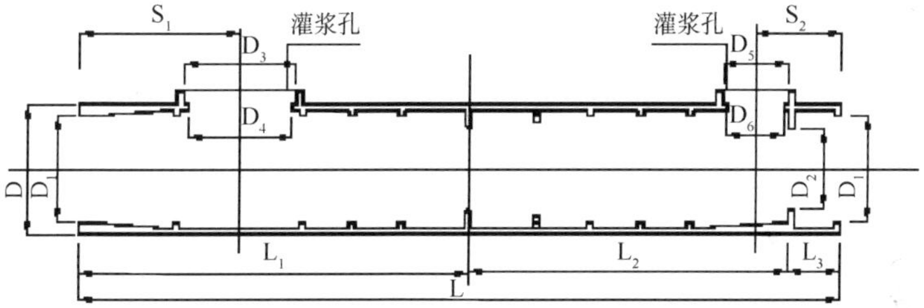


**图 2－41　上海利物宝全灌浆球磨铸铁铸造套筒示意图**

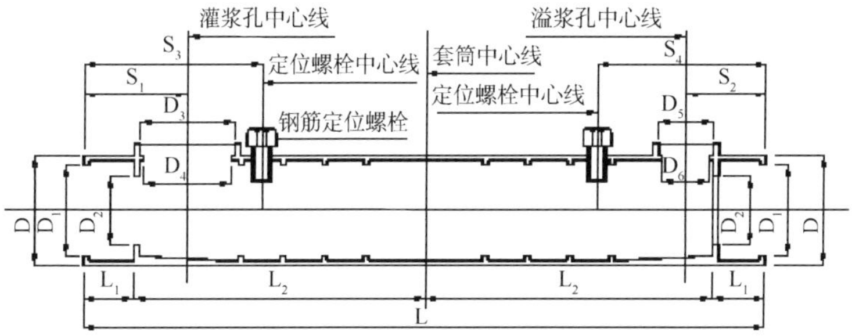


**图 2－42　上海利物宝梁用全灌浆套筒示意图**

**表 2－15　　北京思达建茂(JM)标准半灌浆套筒主要技术参数**

| 套筒型号 | 螺纹端连接钢筋直径 $d_1$/mm | 灌浆端连接钢筋直径 $d_2$/mm | 套筒外径 d/mm | 套筒长度 L/mm | 灌浆端钢筋插入口孔径 $D_3$/mm | 灌浆孔位置 a/mm | 出浆孔位置 b/mm | 灌浆端连接钢筋插入深度 $L_1$/mm | 内螺纹公称直径 D/mm | 内螺纹螺距 P/mm | 内螺纹牙型角/度 | 内螺纹孔深度 $L_2$/mm | 螺纹端与灌浆端通孔直径 $d_2$/mm |
|---|---|---|---|---|---|---|---|---|---|---|---|---|---|
| GT12 | 12 | 12,10 | 32 | 140 | 23 ±0.2 | 30 | 104 | $96_{0}^{+15}$ | 12.5 | 2.0 | 75 | 19 | ≤8.8 |
| GT14 | 14 | 14,12 | 34 | 156 | 25 ±0.2 | 30 | 119 | $112_{0}^{+15}$ | 14.5 | 2.0 | 60 | 20 | ≤10.5 |
| GT16 | 16 | 16,14 | 38 | 174 | 28.5 ±0.2 | 30 | 134 | $128_{0}^{+15}$ | 16.5 | 2.0 | 60 | 22 | ≤12.5 |
| GT18 | 18 | 18,16 | 40 | 193 | 30.5 ±0.2 | 30 | 151 | $144_{0}^{+15}$ | 18.7 | 2.5 | 60 | 25.5 | ≤15 |
| GT20 | 20 | 20,18 | 42 | 211 | 32.5 ±0.2 | 30 | 166 | $160_{0}^{+15}$ | 20.7 | 2.5 | 60 | 28 | ≤17 |
| GT22 | 22 | 22,20 | 45 | 230 | 35 ±0.2 | 30 | 181 | $176_{0}^{+15}$ | 22.7 | 2.5 | 60 | 30.5 | ≤19 |
| GT25 | 25 | 25,22 | 50 | 256 | 38.5 ±0.2 | 30 | 205 | $200_{0}^{+15}$ | 25.7 | 2.5 | 60 | 33 | ≤22 |
| GT28 | 28 | 28,25 | 56 | 292 | 43 ±0.2 | 30 | 234 | $224_{0}^{+20}$ | 28.9 | 3.0 | 60 | 38.5 | ≤23 |
| GT32 | 32 | 32,28 | 63 | 330 | 48 ±0.2 | 30 | 266 | $256_{0}^{+20}$ | 32.7 | 3.0 | 60 | 44 | ≤26 |
| GT36 | 36 | 36,32 | 73 | 387 | 53 ±0.2 | 30 | 316 | $306_{0}^{+20}$ | 36.5 | 3.0 | 60 | 51.5 | ≤30 |
| GT40 | 40 | 40,36 | 80 | 426 | 58 ±0.2 | 30 | 350 | $340_{0}^{+20}$ | 40.2 | 3.0 | 60 | 56 | ≤34 |

表 2-16　　北京思达建茂（JM）异径钢筋半灌浆套筒主要技术参数

| 套筒型号 | 螺纹端连接钢筋直径 $d_1$/mm | 灌浆端连接钢筋直径 $d_2$/mm | 套筒外径 d/mm | 套筒长度 L/mm | 灌浆端钢筋插入口孔径 $D_3$/mm | 灌浆孔位置 a/mm | 出浆孔位置 b/mm | 灌浆端连接钢筋插入深度 $L_1$/mm | 内螺纹公称直径 D/mm | 内螺纹螺距 P/mm | 内螺纹牙型角/度 | 内螺纹孔深度 $L_2$/mm | 螺纹端与灌浆端通孔直径 $d_2$/mm |
|---|---|---|---|---|---|---|---|---|---|---|---|---|---|
| GT14/12 | 12 | 14 | 34 | 156 | 25 ±0.2 | 30 | 119 | $112_{0}^{+15}$ | 12.5 | 2.0 | 75 | 19 | ≤8.8 |
| GT16/14 | 14 | 16 | 38 | 174 | 28.5 ±0.2 | 30 | 134 | $128_{0}^{+15}$ | 14.5 | 2.0 | 60 | 20 | ≤10.5 |
| GT18/16 | 16 | 18 | 40 | 193 | 30.5 ±0.2 | 30 | 151 | $144_{0}^{+15}$ | 16.5 | 2.0 | 60 | 22 | ≤12.5 |
| GT20/18 | 18 | 20 | 42 | 211 | 32.5 ±0.2 | 30 | 166 | $160_{0}^{+15}$ | 18.7 | 2.5 | 60 | 25.5 | ≤15 |
| GT22/20 | 20 | 22 | 45 | 230 | 35 ±0.2 | 30 | 181 | $176_{0}^{+15}$ | 20.7 | 2.5 | 60 | 28 | ≤17 |
| GT25/22 | 22 | 25 | 50 | 256 | 38.5 ±0.2 | 30 | 205 | $200_{0}^{+15}$ | 22.7 | 2.5 | 60 | 30.5 | ≤19 |
| GT28/25 | 25 | 28 | 56 | 292 | 43 ±0.2 | 30 | 234 | $240_{0}^{+20}$ | 25.7 | 2.5 | 60 | 33 | ≤22 |
| GT32/28 | 28 | 32 | 63 | 330 | 48 ±0.2 | 30 | 266 | $256_{0}^{+20}$ | 28.9 | 3.0 | 60 | 38.5 | ≤23 |
| GT36/32 | 32 | 36 | 73 | 387 | 53 ±0.2 | 30 | 316 | $306_{0}^{+20}$ | 32.7 | 3.0 | 60 | 44 | ≤26 |
| GT40/36 | 36 | 40 | 80 | 426 | 58 ±0.2 | 30 | 350 | $340_{0}^{+20}$ | 36.5 | 3.0 | 60 | 51.5 | ≤30 |

注：套筒型号的含义为灌浆连接端的钢筋直径在前，螺纹连接端的钢筋直径在后，直径数字之间用/分开，例如：灌浆端连接钢筋为 25mm，螺纹连接钢筋直径为 20mm，则型号标识为 GT25/20。

表 2-17　**北京思达建茂(JM)全灌浆套筒主要技术参数**

| 套筒型号简写 | 套筒型号标识 | 连接钢筋直径 $d_1$/mm | 外径 d/mm | 套筒长度 L/mm | 灌浆端口孔径 D/mm | 灌浆孔位置 a/mm | 排浆孔位置 b/mm | 现场施工钢筋插入深度 $L_1$/mm | 工厂安装钢筋插入深度 $L_2$/mm |
|---|---|---|---|---|---|---|---|---|---|
| GT12L | JM GTJQ4 12L | 12,10 | 44 | 245 | 32 | 30 | 219 | 96～121 | 111～116 |
| GT14L | JM GTJQ4 14L | 14,12 | 46 | 275 | 34 | 30 | 249 | 112～137 | 125～130 |
| GT16L | JM GTJQ4 16L | 16,14 | 48 | 310 | 36 | 30 | 284 | 128～154 | 143～148 |
| GT18L | JM GTJQ4 18L | 18,16 | 50 | 340 | 38 | 30 | 314 | 144～170 | 157～162 |
| GT20L | JM GTJQ420L | 20,18 | 52 | 370 | 40 | 40 | 344 | 160～185 | 172～177 |
| GT22L | JM GTJQ4 22L | 22,20 | 54 | 405 | 42 | 40 | 379 | 176～202 | 190～195 |
| GT25L | JM GTJQ4 25L | 25,22 | 58 | 450 | 46 | 40 | 424 | 200～225 | 212～217 |
| GT28L | JM GTJQ4 28L | 28,25 | 62 | 500 | 50 | 40 | 474 | 224～251 | 236～241 |
| GT32L | JM GTJQ4 32L | 32,28 | 66 | 565 | 54 | 40 | 539 | 256～284 | 268～273 |
| GT36L | JM GTJQ4 36L | 36,32 | 74 | 630 | 62 | 40 | 604 | 288～315 | 300～305 |
| GT40L | JM GTJQ4 40L | 40,36 | 82 | 700 | 70 | 40 | 674 | 320～345 | 340～345 |

**表 2－18　　上海利物全灌浆球磨铸铁铸造套筒主要技术参数**

| 型号 | 连接钢筋公称直径（mm） | 规格尺寸 | | | | | | | | | | |
|---|---|---|---|---|---|---|---|---|---|---|---|---|
| | | L | $L_1$ | $L_2$ | $L_3$ | D | $D_1$ | $D_2$ | $D_3/D_4$ | $D_5/D_6$ | $S_1$ | $S_2$ |
| GT4 12 | 12 | 250 | 120 | 110 | 20 | 44 | 32 | 16 | 25/22 | 16/13 | 46. 5 | 28 |
| GT4 14 | 14 | 280 | 135 | 125 | 20 | 46 | 34 | 18 | 25/22 | 16/13 | 46. 5 | 28 |
| GT4 16 | 16 | 310 | 150 | 140 | 20 | 48 | 36 | 20 | 25/22 | 16/13 | 46. 5 | 28 |
| GT4 18 | 18 | 350 | 170 | 160 | 20 | 50 | 38 | 22 | 25/22 | 16/13 | 46. 5 | 28 |
| GT4 20 | 20 | 370 | 180 | 170 | 20 | 52 | 40 | 24 | 25/22 | 16/13 | 46. 5 | 28 |
| GT4 22 | 22 | 410 | 200 | 190 | 20 | 54 | 42 | 26 | 25/22 | 16/13 | 46. 5 | 28 |
| GT4 25 | 25 | 460 | 225 | 215 | 20 | 58 | 46 | 30 | 25/22 | 16/13 | 46. 5 | 28 |
| GT4 28 | 28 | 505 | 250 | 235 | 20 | 62 | 50 | 32 | 25/22 | 16/13 | 46. 5 | 28 |
| GT4 32 | 32 | 570 | 280 | 270 | 20 | 66 | 54 | 36 | 25/22 | 16/13 | 46. 5 | 28 |
| GT4 36 | 36 | 630 | 310 | 300 | 20 | 74 | 62 | 40 | 25/22 | 16/13 | 46. 5 | 28 |
| GT4 40 | 40 | 700 | 345 | 335 | 20 | 82 | 70 | 44 | 25/22 | 16/13 | 46. 5 | 28 |

**表 2－19　　上海利物宝梁用全灌浆套筒主要技术参数**

| 型号 | 连接钢筋公称直径（mm） | 规格尺寸（mm） | | | | | | | | | |
|---|---|---|---|---|---|---|---|---|---|---|---|
| | | L | $L_1$ | $L_2$ | D | $D_1$ | $D_2$ | $D_3/D_4$ | $D_5/D_6$ | $S_1/S_2$ | $S_3/S_4$ |
| GT4 12 | 12 | 250 | 20 | 105 | 44 | 32 | 16 | 25/22 | 16/13 | 46. 5/28 | 64/60 |
| GT4 14 | 14 | 280 | 20 | 120 | 46 | 34 | 18 | 25/22 | 16/13 | 46. 5/28 | 64/60 |
| GT4 16 | 16 | 310 | 20 | 135 | 48 | 36 | 20 | 25/22 | 16/13 | 46. 5/28 | 64/60 |
| GT4 18 | 18 | 350 | 20 | 155 | 50 | 38 | 22 | 25/22 | 16/13 | 46. 5/28 | 64/60 |
| GT4 20 | 20 | 370 | 20 | 165 | 52 | 40 | 24 | 25/22 | 16/13 | 46. 5/28 | 64/60 |
| GT4 22 | 22 | 410 | 20 | 185 | 54 | 42 | 26 | 25/22 | 16/13 | 46. 5/28 | 64/60 |
| GT4 25 | 25 | 460 | 20 | 205 | 58 | 46 | 30 | 25/22 | 16/13 | 46. 5/28 | 64/60 |
| GT4 28 | 28 | 505 | 20 | 232. 5 | 62 | 50 | 32 | 25/22 | 16/13 | 46. 5/28 | 64/60 |
| GT4 32 | 32 | 570 | 20 | 265 | 66 | 54 | 36 | 25/22 | 16/13 | 46. 5/28 | 64/60 |
| GT4 36 | 36 | 630 | 20 | 295 | 74 | 62 | 40 | 25/22 | 16/13 | 46. 5/28 | 64/60 |
| GT4 40 | 40 | 700 | 20 | 330 | 82 | 70 | 44 | 25/22 | 16/13 | 46. 5/28 | 64/60 |

**表 2－20　　上海利物宝梁用分体式全灌浆套筒主要技术参数**

| 型号 | 连接钢筋公称直径（mm） | 套筒各部分尺寸（mm） | | | | | | | | | | 直螺纹钢套管尺寸（mm） | |
|---|---|---|---|---|---|---|---|---|---|---|---|---|---|
| | | L | $L_1$ | $L_2$ | D | $D_1$ | $D_2$ | $D_3/D_4$ | $D_5/D_6$ | $S_1/S_2$ | $S_3/S_4$ | LT | DT |
| GT4 18 | 18 | 350 | 20 | 155 | 50 | 38 | 22 | 25/22 | 16/13 | 46. 5/28 | 64/60 | 75 | 60 |
| GT4 20 | 20 | 370 | 20 | 165 | 52 | 40 | 24 | 25/22 | 16/13 | 46. 5/28 | 64/60 | 80 | 62 |
| GT4 22 | 22 | 410 | 20 | 185 | 54 | 42 | 26 | 25/22 | 16/13 | 46. 5/28 | 64/60 | 90 | 64 |
| GT4 25 | 25 | 460 | 20 | 205 | 58 | 46 | 30 | 25/22 | 16/13 | 46. 5/28 | 64/60 | 100 | 68 |

续表

| 型号 | 连接钢筋公称直径（mm） | 套筒各部分尺寸（mm） | | | | | | | | | | 直螺纹钢套管尺寸（mm） | |
|---|---|---|---|---|---|---|---|---|---|---|---|---|---|
| | | L | $L_1$ | $L_2$ | D | $D_1$ | $D_2$ | $D_3/D_4$ | $D_5/D_6$ | $S_1/S_2$ | $S_3/S_4$ | LT | DT |
| GT4 28 | 28 | 505 | 20 | 232.5 | 62 | 50 | 32 | 25/22 | 16/13 | 46.5/28 | 64/60 | 115 | 74 |
| GT4 32 | 32 | 570 | 20 | 265 | 66 | 54 | 36 | 25/22 | 16/13 | 46.5/28 | 64/60 | 130 | 78 |
| GT4 36 | 36 | 630 | 20 | 295 | 74 | 62 | 40 | 25/22 | 16/13 | 46.5/28 | 64/60 | 145 | 86 |
| GT4 40 | 40 | 700 | 20 | 330 | 82 | 70 | 44 | 25/22 | 16/13 | 46.5/28 | 64/60 | 160 | 94 |

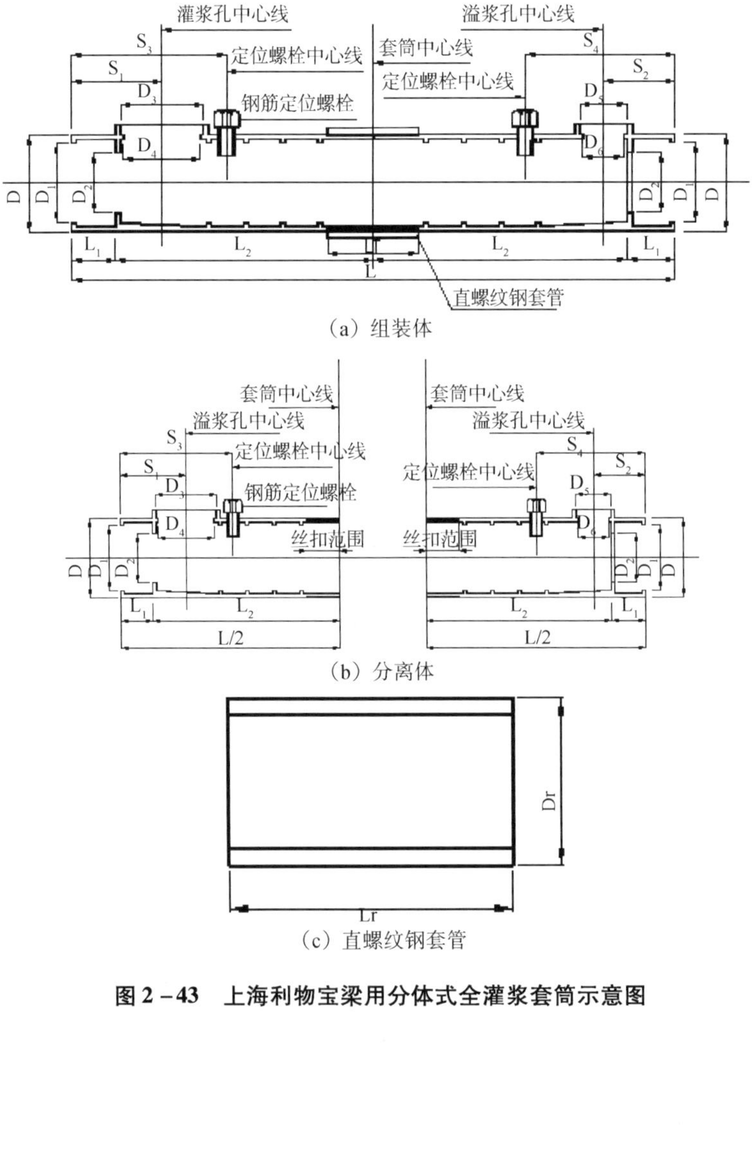


（a）组装体

（b）分离体

（c）直螺纹钢套管

**图 2－43 上海利物宝梁用分体式全灌浆套筒示意图**

3. 深圳现代营造

深圳现代营造科技有限公司的主要产品为半灌浆套筒（见图2－44）。其主要技术参数见表2－21。

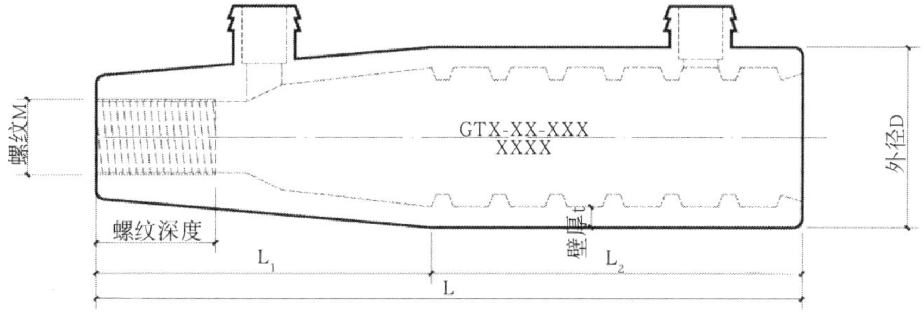


**图2－44　深圳现代营造半灌浆套筒示意图**

**表2－21　　深圳现代营造半灌浆套筒主要技术参数**

| 规格型号 | 尺寸参数（mm） | | | | | | 筒壁参数（mm） | | 适用钢筋规格 |
|---|---|---|---|---|---|---|---|---|---|
| | L | $L_1$ | $L_2$ | D | M | $D_0$ | 壁厚（t/mm） | 凸起（h/mm） | 400（MPa） |
| GT4－12－130 | 130 | 49 | 81 | 36 | 12 | 22 | 4 | 3 | 12 |
| GT4－14－140 | 140 | 59 | 81 | 38 | 14 | 24 | 4 | 3 | 14 |
| GT4－16－150 | 150 | 54 | 96 | 40 | 16 | 26 | 4 | 3 | 16 |
| GT4－18－160 | 160 | 64 | 96 | 42 | 18 | 28 | 4 | 3 | 18 |
| GT4－20－190 | 190 | 64 | 126 | 44 | 20 | 30 | 4 | 3 | 20 |
| GT4－22－195 | 195 | 69 | 126 | 48 | 22 | 32 | 5 | 3 | 22 |
| GT4－25－215 | 215 | 74 | 141 | 51 | 25 | 35 | 5 | 3 | 25 |
| GT4－28－250 | 250 | 79 | 171 | 54 | 28 | 38 | 5 | 3 | 28 |
| GT4－32－270 | 270 | 84 | 186 | 60 | 32 | 42 | 6 | 3 | 32 |
| GT4－36－310 | 310 | 94 | 216 | 66 | 36 | 46 | 7 | 3 | 36 |
| GT4－40－330 | 330 | 99 | 231 | 72 | 40 | 50 | 8 | 3 | 40 |
| 螺长为1.5倍直径 | 灌浆孔突出套筒10mm | | | | | | 内壁突起环数多余6环 | | |

注：所有灌浆套筒均采用QT550－5或QT600－3材质制造，延伸率分别为5%、3%。适用于400MPa、500MPa级别的钢筋纵向连接。

## 三、浆锚孔波纹管

### （一）金属波纹管的结构

浆锚金属波纹管是采用镀锌钢带卷制形成的单波或双波形咬边扣压制成的预埋于预制钢筋混凝土构件中用于竖向钢筋浆锚接的金属波纹管。根据要求，波纹管有单排布置、双排布置和梅花状布置，一端弯曲口部向构件外面，端口用材料封口（见图 2 –45）。

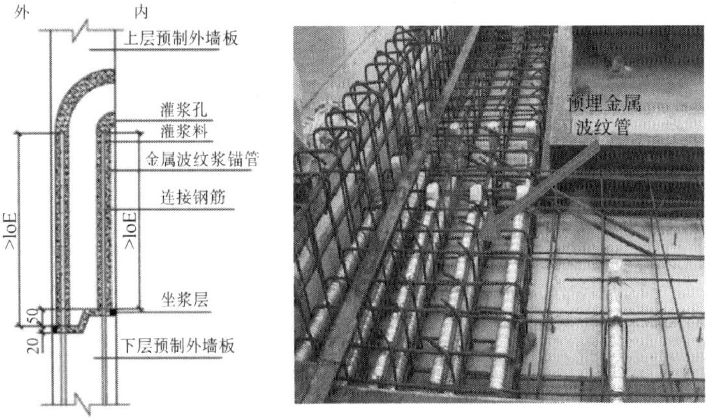


**图 2 –45　构件预埋金属波纹管示意图**

金属波纹管钢筋浆锚体系属于多重界面体系，即钢筋与锚固材料（灌浆料）的界面体系、锚固材料与波纹管界面体系以及波纹管与原构件混凝土的界面体系。因此，锚固材料对钢筋的锚固力不仅与锚固材料和钢筋的握裹力有关，还与波纹管和锚固材料、波纹管和混凝土之间的连接有关。金属波纹管的续接方式早已被证明可以有效地传递拉力、压力和剪力，且便于柱与柱、柱与基础及剪力墙等节点的连接。国内机械行业标准 JB – T 6169 金属波纹管中，对于金属波纹管的结构、波纹形状、接口形式、制造材料及检验规则等都有完整的说明。

### （二）金属波纹管一般要求

根据《装配式混凝土建筑技术标准》GB/T 51231 “5.2” 中的规定，用于钢筋浆锚搭接连接的镀锌金属波纹管应符合现行行业标准《预应力混凝土用金属波纹管》JGT 225 的有关规定。镀锌金属波纹管的钢带厚度不宜小于 0.3mm，波纹高度不应小于 2.5mm。金属波纹圆管的构造见图 2－46。

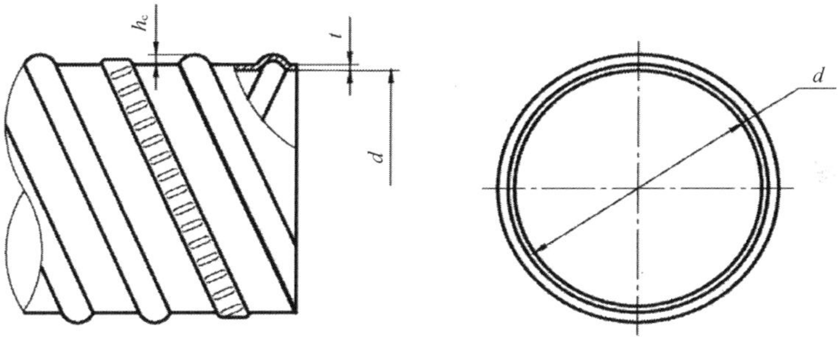


说明：
$d$——圆管内径；$t$——钢带厚度；$h_c$——波纹高度。

**图 2－46　金属波纹管构造示意图**

制作金属波纹管的钢带应为镀锌或非镀锌低碳钢带。当采用镀锌钢带时，性能应符合 GB/T 2518 的规定；当采用非镀锌钢带时，性能应符合 GB/T 716 的规定；也可采用其他已证明适用的金属材料，钢带应附有产品合格证或质量保证书。金属波纹管的最小钢带厚度应符合表 2－22 的规定。

**表 2－22　圆管规格与钢带厚度对应关系**　　单位：mm

| 公称内径 | | 40 | 45 | 50 | 55 | 60 | 65 | 70 | 75 | 80 | 85 | 90 | 95# | 96 | 102 | 108 | 114 | 120 | 126 | 132 |
|---|---|---|---|---|---|---|---|---|---|---|---|---|---|---|---|---|---|---|---|---|
| 最小钢带厚度 | 标准型 | 0.28 | | 0.30 | | | | | | 0.35 | | | | 0.40 | | | | | | |
| | 增强型 | 0.30 | | 0.35 | | | | 0.40 | | 0.45 | | | — | 0.50 | | | | | | 0.60 |

表中未列公称内径大于 132mm 的圆管钢带厚度应根据性能要求进行调整。

#公称内径 95mm 的金属波纹圆管仅用作连接管。

金属波纹管外观应清洁，内外表面应无锈蚀、油污、附着物、孔洞和不规则的褶皱，咬口无开裂和脱扣。

不同规格金属波纹圆管的尺寸允许偏差应符合表 2－23 的规定。

**表 2－23　　金属波纹圆管尺寸允许偏差**　　单位：mm

| 公称内径 | 40 | 45 | 50 | 55 | 60 | 65 | 70 | 75 | 80 | 85 | 90 | 95# | 96 | 102 | 108 | 114 | 120 | 126 | 132 |
|---|---|---|---|---|---|---|---|---|---|---|---|---|---|---|---|---|---|---|---|
| 允许偏差 | ±0.5 | | | | | | | | | | | | ±1.0 | | | | | | |

注：表中未列尺寸的规格由供需双方协议确定。

#公称内径 95mm 的金属波纹圆管仅用作连接管。

金属波纹管承受符合表 2－24 规定的局部横向荷载或均布荷载时，波纹管不应出现开裂、脱扣等现象，变形量应符合表 2－24 中的规定。

**表 2－24　　金属波纹管抗局部横向荷载性能和抗均布荷载性能**　　单位：N

| 截面形状 | | 圆形 | | 扁形 |
|---|---|---|---|---|
| 局部横向荷载（N） | 标准型 | 800 | | 500 |
| | 增强型 | | | |
| 均布荷载（N） | 标准型 | $F=0.31d_n^2$ | | $F=0.15d_n^2$ |
| | 增强型 | | | |
| $\delta$ | 标准型 | $d_n \leqslant 75$mm | $\leqslant 0.20$ | $\leqslant 0.20$ |
| | | $d_n > 75$mm | $\leqslant 0.15$ | |
| | 增强型 | $d_n \leqslant 75$mm | $\leqslant 0.10$ | $\leqslant 0.05$ |
| | | $d_n > 75$mm | $\leqslant 0.08$ | |

注：$F$—— 均布荷载值，单位为牛顿（N）；

$d_a$—— 圆管公称内径，单位为毫米（mm）；

$d_s$—— 扁管等效公称内径，$d_s=\dfrac{2(b_n+h_n)}{\pi}$，单位为毫米（mm）；

$b_n$—— 扁管公称内长轴，单位为毫米（mm）；

$h_n$—— 扁管公称内短轴，单位为毫米（mm）；

$\delta$—— 变形比，$\delta=\dfrac{\Delta D}{d_n}$ 或 $\delta=\dfrac{\Delta H}{h_n}$；

$\Delta D$—— 圆管径向变形量，单位为毫米（mm）；

$\Delta H$—— 扁管短轴向变形量，单位为毫米（mm）。

### （三）金属波纹管检验方法

1. 外观

外观可用目测法检验。

2. 尺寸

（1）测量工具。内外径尺寸测量应采用游标卡尺；钢带厚度测量应采用千分尺；长度测量应采用钢卷尺；波纹高度测量应采用深度尺。

（2）测量方法。圆管内径尺寸应分别量取试件两端相互垂直两个方向的内径，取算术平均值；扁管内长轴和内短轴尺寸应分别量取试件两端的内长轴和内短袖尺寸，分别取算术平均值；钢带厚度及波纹高度应分别在试件两端量取，取算术平均值。测量时应避开波纹和咬口位置。

每个试件钢带厚度的测量结果均应符合表 2－15 的规定，其他尺寸的测量结果均应符合《预应力混凝土用金属波纹管》JGT 225 的有关规定。

## 四、灌浆料

### （一）钢筋连接用套筒灌浆料的定义

钢筋连接用套筒灌浆料是以水泥为基本材料，配以细骨料，以及混凝土外加剂和其他保证性功能材料组成的干混料，简称“套筒灌浆料”。该材料加水搅拌后具有良好的流动性，早强、高强、微膨胀等性能，填充在套筒和带助钢筋间隙内，形成钢筋套筒灌浆连接接头。灌浆料一般 30～50kg 一袋。

### （二）钢筋连接用套筒灌浆料的分类

一种常温型套筒灌浆料是适用于灌浆施工及养护过程中 24h 内

灌浆部位环境温度不低于5℃的套筒灌浆料，另一种是低温型套筒灌浆料适用于灌浆施工及养护过程中24h内灌浆部位环境温度范围为 -5～10℃的套筒灌浆料。

从分类中我们不难看出灌浆料的分类是根据工程施工的“大环境”和养护的“小环境”共同决定的，由于0℃就是冰水混合物的冰点温度，对水化热要求的硅酸材料是不利的。一般地，在这种环境下，不做任何养护措施是不能施工的，否则会带来不可逆转的后果和工程事故，所以在冬季施工的灌浆料使用应通过合理的施工方案专项技术方案来实施的。

## （三）灌浆料环境温度的三种处理方式

改变灌浆料的品种能解决的范围仅限 -5℃，使用前应根据材料使用说明书的要求操作，跟需要配合娴熟的灌浆手艺减少拌合物暴露在空气中产生的热量损失，以保证灌浆料前期水化的温度，否则抗冻性能和早强会受到冰点提前来临而破坏水泥基的硬化特点影响连接件的力学性能最终影响到工程质量。

改变灌浆料的拌合技术条件和仅限于 -5～0℃使用，在这种情况下，由于水化热的温度在一定的封闭空间有一点的硬化条件，我们是可以使用常温灌浆料的，但应在技术方案中和施工中做到调整拌合物水温为15～20℃，通过充分搅拌后在灌浆前能保证拌合物有15～30℃的特定点，注浆后的构件部位应做好防雨防风、保温等措施。

在温度低于 -5℃时，不采取任何措施的情况下严禁灌浆作业，但是我们应该充分理解规范条款的技术条件允许，这时候我们应禁止使用常温灌浆料，应选用低温灌浆料，通过前面两种措施并用，并且调整水温，使浆料拌合温度大于0℃小于20℃，这里特别需要提出的就是拌合物温度不能大于20℃，一般低温灌浆料都采用早强铝酸盐水泥或者含有早强性能的外加剂对温度的敏感度极高，对拌合物的温度适应提出了很高的要求，温度应通过实验来确定，排除流动度的损失以保证有效的施工时间。

### （四）钢筋连接用套筒灌浆料的技术要求

套筒灌浆料应按产品设计（说明书）要求的用水量进行配制。拌合用水应符合 JGJ 63 的规定。注意使用自来水须检测氯离子含量，其含量应小于 0.03%。

常温型套筒灌浆料使用时，施工及养护过程中 24h 内灌浆部位所处的环境温度不应低于 5℃，低温型套筒灌浆料使用时，施工及养护过程中 24h 内灌浆部位所处的环境温度不应低于 -5℃，且不宜超过 10℃。JG/T 408 标准对灌浆料的流动度、抗压强度、膨胀性能等性能提出了明确要求（见表 2-25）。

**表 2-25　　常温型套筒灌浆料的性能指标**

| 检测项目 | | 性能指标 |
|---|---|---|
| 流动度（mm） | 初始 | ≥300 |
| | 30min | ≥260 |
| 抗压强度（MPa） | 1d | ≥35 |
| | 3d | ≥60 |
| | 28d | ≥85 |
| 竖向膨胀率（%） | 3h | 0.02～2 |
| | 24h 与 3h 差值 | 0.02～0.4 |
| 28d 自干燥收缩（%） | | ≤0.045 |
| 氯离子含量（%） | | ≤0.03 |
| 泌水率（%） | | 0 |

注：氯离子含量以灌浆总量为基准。

通过充分搅拌后静止 2～3min 时间测试流动度，初始不小于 300mm，30min 后不小于 260mm，泌水比为 0。

硬化后的指标，1d 强度不小于 35MPa，3d 强度不小于 60MPa，

28d 强度不小于 85MPa，负温养护 7 天转 21 天标准养护仍满足 85MPa、3 小时竖向膨胀率 0.02% ~2%，24 小时与 3 小时竖向膨胀率差值为 0.02% ~0.4%，28 天自干缩比小于 0.045%。以上负温度同条件都应满足标准养护的技术指标。氯离子含量小于 0.03%。

## （五）钢筋连接用套筒灌浆料在工程中的应用

灌浆套筒中的填充连接材料预留锚固孔的填充材料，如楼梯的上下安装位置与预留定位插筋的锚固填充材料轻质隔墙竖向拼缝连接的填充连接材料修补自流要求界面小填缝材料。

## （六）钢筋连接用套筒灌浆料的验收

灌浆料的检测由出厂检验、形式检验和进场复检组成。出厂检验、型式检验和进场复检若有一项指标不符合要求，应从同一批次产品中重新取样，对所有项目进行复验。复验合格判定为合格品；复验不合格判定为不合格品。

产品出厂时应进行出厂检验，出厂检验项目应包括初始流动度、30min 流动度，1d（-1d）、3d（-3d）、28 d（-7d +21d）抗压强度，竖向膨胀率，竖向膨胀率的差值、泌水率。

型式检验项目应包括表规定的全部检测项目。有下列情形之一时，应进行如下型式检验。

（1）新产品的定型鉴定；

（2）正式生产后，如材料及工艺有较大变动，有可能影响产品质量时；

（3）停产半年以上恢复生产时；

（4）型式检验超过 1 年时。

进厂复检，应符合如下规定。

（1）进场时间应在灌浆施工前 40 天采购留有足够的检测时间，提前核对相应的材料检测报告和型式检验报告。

（2）按50吨作为一个批次，不足50吨视为一个批次，但是必须考虑为同一厂家、同一批次、同一生产日期（15天内生产的视为一批）、同一配合比的材料。

（3）检测的内容应对出厂检测的内容复试。

（4）取样数量至少30千克。

## 五、坐浆料

### （一）装配式连接用坐浆料定义

以胶凝材料、级配细骨料、外加剂及其他材料组成的干粉砂浆。加水搅拌后具有早强、高强、微膨胀等功能，适用于预制混凝土梁柱及剪力墙等构件的坐浆施工、预制构件接缝封堵、设备垫块的坐浆安装（坐浆墩制作）等。坐浆料一般30~50千克一袋。

### （二）装配式连接用坐浆料分类

I型为快速封边料、II型为标准型见表2-26。

**表2-26　　坐浆料性能**

| 项目 | | 要求 | |
|---|---|---|---|
| | | I型 | II型 |
| 稠度/mm | | 60~90 | 60~90 |
| 抗压强度/MPa | 1d | ≥30 | ≥15.0 |
| | 28d | ≥45 | ≥45.0 |

### （三）装配式连接用坐浆料的技术要求

I型为快速封边料，可以用于分仓、封仓的封边材料，适用于整体封仓的联通灌浆仓的封堵，不适用坐浆层独立灌浆，一般在

45～180min 以内达到有效封堵适合在冬季使用。

II 型为标准型，可以用于分仓、封仓的封边材料，适用于整体封仓的联通灌浆仓的封堵，也适用于坐浆层独立灌浆的节点。但是硬化受时间温度的限制，需要留置试块确定实体强度一般为 24～72h 以内适合在春夏季使用。

## （四）装配式连接用坐浆料的验收制度

验收资料分为出厂检测、型式检验、进场复检。

1. 出厂检测

1d 抗压强度、砂浆稠度。

2. 型式检验

型式检验项目包括规范规定的所有物理性能要求。在正常生产情况下，型式检验项目为一年检验一次。有下列情况之一者，应进行如下型式检验。

（1）新产品投产或产品定型鉴定时；

（2）产品主要原料、配比或生产工艺有较大变更时；

（3）停产半年以上恢复生产时；

（4）出厂检验结果与上次型式检验有较大差异时；

（5）国家质量监督检验机构提出要求时。

3. 进场复检

（1）批量：同一类别 50t 产品为一批，不足 50t 产品按同一批计。

（2）抽样：从一批中按一定时间间隔从生产线取样；或从交付产品中随机抽取 2～4 个包装，总质量不少于 30kg。抽取样品分为两份：试验、密封保存备查。

（3）留样：同一批号料的留样质量不少于 20kg，至该批号生产日期的最后一天算起，密封保存 6 个月。

4. 施工强度检验办法

（1）试验室的温度和湿度应符合 GB/T 17671 中“4. 1”的规

定，拌合水应符合 JGJ 63 中的规定。

（2）采用行星式胶砂搅拌机搅拌坐浆料。按生产厂家推荐的水料比进行项目试验。搅拌时间从加水开始计量，慢速搅拌 120s，接着快速搅拌 90s。

（3）拌合物成型按照 70.7mm×70.7mm×70.7mm 制作。

（4）龄期 1d 和龄期 28d 的强度试块应放在温度 20±1℃、相对湿度不低于 90% 的标准养护箱中养护。

# 第九节 灌浆用主要工器具

## 一、灌浆器具

连接节点灌浆是预制构件施工过程中重要的质量控制节点，所选工具必须符合质量控制要求（见表 2－27）。

表 2－27　灌浆工器具表

| 序号 | 名称 | 图片 | 规格 | 备注 |
|---|---|---|---|---|
| 1 | 电动灌浆机 |  | 电压频率：3P、380V/50Hz<br>功率：0.75kW（高速）、0.45kW（低速）<br>电机转数：1420r/min（高速）、700r/min（低速） | 预制构件灌浆用 |

续表

| 序号 | 名称 | 图片 | 规格 | 备注 |
|---|---|---|---|---|
| 2 | 手动灌浆泵 | 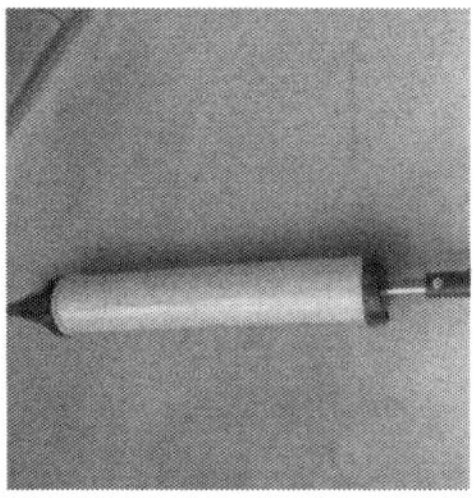 | 普通塞缝枪，配尖嘴 | 接头试件灌浆用 |
| 3 | 电动搅拌枪 |  | 功率：2200W<br>额定功率：50/60Hz<br>电机转数：1000r/min<br>空转不小于 800r/min | 灌浆料及坐浆料搅拌用 |
| 4 | 电子台秤 | 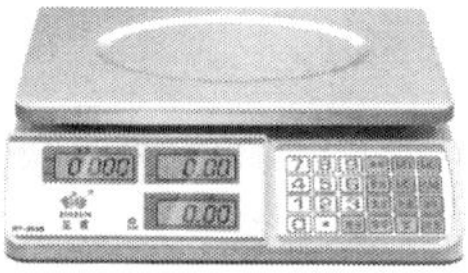 | 50kg<br>精确到 0. 1kg 应计量认证 | 灌浆料、坐浆料干粉称量用 |
| 5 | 量杯 | 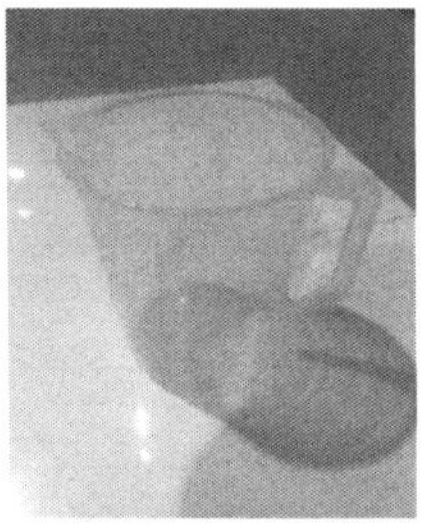 | 5L | 拌合水称量用 |
| 6 | 影像记录仪 | 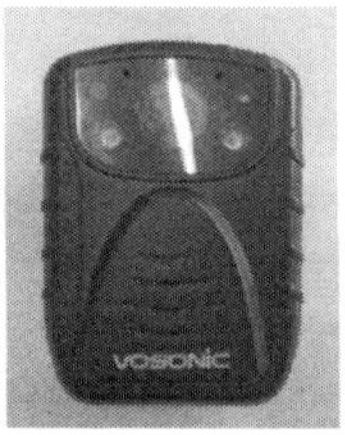 | 普通执法记录仪 | 灌浆全过程拍摄用 |

## 二、检验测量仪器

灌浆料的流动度检测以及试块的制作是灌浆作业中的重要环节。流动度检测合格后，方可进行灌浆作业。所用检验测量仪器如表 2－28 所示。

**表 2－28　　　　检验测量仪器表**

| 序号 | 名称 | 图片 | 规格 | 备注 |
|---|---|---|---|---|
| 1 | 截锥圆模 |  | 截锥圆模：上口径 70mm、下口径 100mm、高度 60mm | 灌浆料流动度检测用 |
| 2 | 台板 |  | 玻璃台板：500mm×500mm | 灌浆料流动度检测用 |
| 3 | 灌浆料试块模 |  | 40mm×40mm×160mm | 灌浆料试块制作用 |
| 4 | 坐浆料试块模 |  | 70.5mm×70.5mm×70.5mm | 坐浆料试块制作用 |

# 第三章

# 灌浆施工前准备工作

## 第一节

## 明确施工要求、工作内容

灌浆工作业前应了解灌浆连接施工技术相关规范和标准；掌握设计图纸中灌浆接头形式、分类、结构原理及构造的一般知识，熟悉各种灌浆接头材料的标识、适用范围、质量标准和选材原则。

灌浆连接安装前，主体结构与现场施工及环保要求应具备的安装施工条件，能够与相关专业的技术协调和现场施工配合。

了解各类钢筋灌浆连接施工工艺要求、各类灌浆施工方法和灌浆机械的选择；熟悉灌浆施工常用机具的种类、性能、用途和维护保养知识；掌握主要灌浆设备的一般构造和安全使用知识；熟悉灌浆料特性和配制方法。

做好灌浆施工内容的验收记录，掌握灌浆施工现场施工试验及施工验收标准；熟悉灌浆施工测量仪器、计量器具的使用方法和仪器、器具的维护保养知识。

熟悉不同气候温度对灌浆施工的影响；了解灌浆施工的质量通

病及防治措施；掌握一定的班组管理能力；熟悉安全施工的规定和技术要点，能参与编制本工种的施工方案（作业指导书）；熟悉材料的产品合格证书、性能报告等。

## 第二节 技术准备

现场灌浆作业应满足项目设计图纸的技术要求，操作上符合相关规范标准，主要钢筋灌浆连接专项施工要求如下。

（1）施工单位应当在钢筋套筒灌浆连接施工前，单独编制套筒灌浆连接专项施工方案。专项施工方案应当由施工单位技术负责人审核签字、加盖单位公章，经总监理工程师审查签字、加盖执业印章后方可实施。专项施工方案中应明确吊装灌浆工序作业时间节点、灌浆料拌合、分仓设置、补灌工艺和坐浆工艺等要求。

（2）施工单位应按要求对灌浆料、套筒、分仓材料、封堵材料和坐浆料等材料进行报审，监理单位审核通过方可使用。施工单位应核验进场灌浆料、套筒相匹配备案情况，不相匹配的，不得使用。

（3）灌浆料进场时，施工单位应按规定随机抽取灌浆料进行性能检验。在灌浆施工过程中，施工单位应当按规定留置灌浆料标准养护28d抗压强度试件，并应当留置同条件养护抗压强度试件。同条件养护试件抗压强度未达到35N/mm$^2$，不得进行对接头有扰动的后续施工。

（4）钢筋套筒灌浆连接应符合《钢筋套筒灌浆连接应用技术规程》JGJ 355的规定，施工现场应有符合要求的接头试件型式检验报告。钢筋套筒灌浆接头工艺检验和接头抗拉强度的试件应由施工现场实际灌浆施工人员在见证人员的见证下制作，接头检测报告上应明确灌浆施工人员及其单位。

（5）施工单位应根据灌浆料特性、灌浆工艺要求使用注浆压力等参数符合要求的灌浆机，并报监理单位审核同意。

（6）实行灌浆令制度。每个班组每天灌浆施工前应签发一份灌浆令，灌浆令由施工单位项目负责人和总监理工程师同时签发，取得后方可进行灌浆（见表3－1）。

**表3－1　　装配式建筑构件连接灌浆令**

<table>
<tr><td>工程名称</td><td colspan="4"></td></tr>
<tr><td>灌浆施工单位</td><td colspan="4"></td></tr>
<tr><td>灌浆施工部位</td><td colspan="4"></td></tr>
<tr><td>灌浆施工时间</td><td colspan="4">自　　年　　月　　日　　时起至　　年　　月　　日　　时止</td></tr>
<tr><td rowspan="4">灌浆施工人员</td><td>姓名</td><td>考核编号</td><td>姓名</td><td>考核编号</td></tr>
<tr><td></td><td></td><td></td><td></td></tr>
<tr><td></td><td></td><td></td><td></td></tr>
<tr><td></td><td></td><td></td><td></td></tr>
<tr><td rowspan="7">工作界面完成检查及情况描述</td><td rowspan="2">界面检查</td><td colspan="3">套筒内杂物、垃圾是否清理干净：　是□　否□</td></tr>
<tr><td colspan="3">灌浆孔和出浆孔是否完好、整洁：　是□　否□</td></tr>
<tr><td rowspan="2">连接钢筋</td><td colspan="3">钢筋表面是否整洁、无锈蚀：　是□　否□</td></tr>
<tr><td colspan="3">钢筋的位置及长度是否符合要求：　是□　否□</td></tr>
<tr><td rowspan="2">分仓及封堵</td><td colspan="3">封堵材料：　封堵是否密实：　是□　否□</td></tr>
<tr><td colspan="3">分仓材料：　是否按要求分仓：　是□　否□</td></tr>
<tr><td>通气检查</td><td colspan="3">是否通畅：　是□　否□<br>不通畅预制构件编号及套筒编号：</td></tr>
<tr><td rowspan="4">灌浆准备工作情况描述</td><td>设备</td><td colspan="3">设备配置是否满足灌浆施工要求：　是□　否□</td></tr>
<tr><td>人员</td><td colspan="3">是否通过考核：　是□　否□</td></tr>
<tr><td>材料</td><td colspan="3">灌浆料品牌：　检验是否合格：　是□　否□</td></tr>
<tr><td>环境</td><td colspan="3">温度是否符合灌浆施工要求：　是□　否□</td></tr>
<tr><td rowspan="3">审批意见</td><td colspan="4">上述条件是否满足灌浆施工条件：<br>同意灌浆□　不同意，整改后重新申请□</td></tr>
<tr><td>项目负责人</td><td></td><td>签发时间</td><td></td></tr>
<tr><td>总监理工程师</td><td></td><td>签发时间</td><td></td></tr>
</table>

注：本表由专职检验人员填写。　专职检验人员：　日期：

（7）施工单位应明确专职检验人员，对钢筋套筒灌浆施工进行监督并记录，钢筋套筒灌浆施工应由监理人员旁站监督，并进行旁站记录。

（8）施工单位应当对钢筋套筒灌浆施工进行全过程视频拍摄。该视频作为施工单位的工程施工资料留存。

（9）竖向钢筋套筒灌浆施工时，出浆孔未流出圆柱体灌浆料拌合物不得进行封堵，持压时间不得低于规范要求。水平钢筋套筒灌浆施工时，灌浆料拌合物的最低点低于套筒外表面不得进行封堵。当灌浆套筒施工时，出浆孔出现无法出浆的情况时，采取的补灌工艺应符合《钢筋套筒灌浆连接应用技术规程》JGJ 355 的规定。

（10）灌浆施工后，施工单位和监理单位相关人员必须对出浆孔内灌浆料拌合物情况实施检查：当采用竖向钢筋连接套筒时，灌浆料加水拌合 30min 内，一经发现出浆孔空洞明显，应及时进行补灌；采用水平钢筋连接套筒施工停止后 30s 内，一经发现灌浆料拌合物下降，应检查灌浆套筒的密封或灌浆料拌合物排气情况并及时补灌。在补灌后，施工单位和监理单位必须进行复查。

（11）应采取可靠的检测方法对套筒灌浆质量进行检测，目前较常见的检测方法有：X 射线工业 CT 法、预埋传感器法、预埋钢丝拉拔法、X 射线胶片成像法。当地质监部门无成熟检测方式时，可参考上海市工程建设规范《装配整体式混凝土建筑检测技术标准》DG/TJ08 - 2252。

（12）参与作业的灌浆操作人员、检查人员应经培训取得专业机构培训证书、持证上岗。

# 第三节

# 人员准备

灌浆施工人员须进行灌浆操作培训，经考核合格后方可上岗，应明确自己操作行为的一次性且不可逆的特点，从思想上重视其所从事的灌浆操作。

人员应分成小组进行区域划分，明确构件灌浆的顺序，根据装配式项目类型、构件灌浆数量、工程进度要求来确定灌浆小组人员数量，一般灌浆小组成员不少于四人为一组进行灌浆操作。小组由一名组长、三名人员，各自分工、规范操作，形成水流作业。灌浆组人员分工见表 3－2。

**表 3－2　　灌浆组人员分工**

| 灌浆组员 | 操作分工任务 | 共同任务 |
|---|---|---|
| 组长 | 组织任务分工，传达项目部灌浆交底内容，明确当天任务，操作注意事项，计算不同构件一次灌浆料使用数量，进行操作记录 | 检查灌浆用工器具是否符合灌浆要求，检查操作区域施工安全防护、电源、开关是否满足操作要求，检查构件灌浆口、出浆口是否通畅并确认数量，负责构件灌浆完成后“工完料清”，灌浆工具的清理 |
| 组员 1 | 清理灌浆作业面，检查灌浆连接钢筋是否符合灌浆要求，检查构件固定情况是否满足灌浆要求 | |
| 组员 2 | 按灌浆料使用说明和规范要求进行灌浆料的拌和操作，根据不同构件进行一次使用量的拌和操作，熟悉拌和时间，自检拌合物流动性 | |
| 组员 3 | 对符合灌浆要求的构件进行灌浆操作，自检灌浆饱满度，采用 40mm × 40mm × 160mm 三联试块模制作灌浆料强度试块，每三联试块模为一组，每组三块，同一楼层应不少于三组标养试块及一组同条件试块 | |

## 第四节
## 工器具准备

装配式建筑灌浆作业应根据设计要求和套筒规格、型号选择配套的灌浆料，施工过程中严格按照厂家提供的配置方法进行灌浆料制备，不允许随意更换；施工机具应为一套完整的设备，且均为合格品，包括电子地秤、搅拌桶、电动搅拌机、电动灌浆泵、手动注浆枪和管道刷，详见本书第二章中表2－27、表2－28。

## 第五节
## 材料准备

对于施工现场构件灌浆作业，不同装配式项目应根据设计图纸要求选择相应的灌浆、坐浆材料，灌浆材料可以说是装配式建筑保证质量的核心之一。

### 一、灌浆料、坐浆料使用说明

国家行业标准《钢筋连接用套筒灌浆料》JG/T 408 对钢筋套筒灌浆连接专用灌浆料的定义中指明了其材料成本与功能：以水泥为基本材料，配以细骨料，以及混凝土外加剂和其他材料组成的干混料，加水搅拌后具有良好的流动性、早强、高强、微膨胀等性能，填充于套筒和带肋钢筋间隙内，简称“套筒灌浆料”。

灌浆料中使用的硅酸盐水泥、普通硅酸盐水泥应符合 GB 175 的规定，使用的硫铝酸盐水泥应符合 GB 20472 的规定。灌浆料中使用的细骨料天然砂、人工砂应符合 GB/T 14684 的规定，最大粒径不宜超过 2.36mm。灌浆料中使用的混凝土外加剂应符合 GB 8076 和 GB 23439 的规定。灌浆料型号不同使用条件也就不相同，应根据生产厂家材料使用说明内容认清灌浆料的产品性能（见图 3－1）。

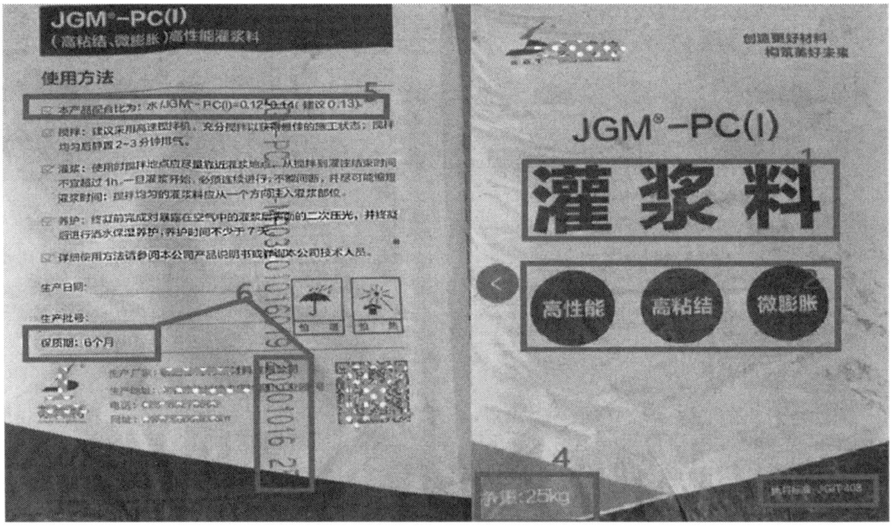


**图 3－1 厂家灌浆料使用说明示意**

如图 3－1 所示，需要注意如下几点。

（1）认清楚是坐浆料还是其他的材料不能混用；

（2）认清楚性能高强、高粘结、微膨胀；

（3）看清楚执行标准必须是 JG/T408；

（4）看清楚净重用于水料比计算；

（5）看清配合比，一般采用推荐值，可以根据使用环境或者施工难易程度决定选择，不可以超范围选择；

（6）看清楚生产日期一定要在质保期内。

## 二、灌浆料、坐浆料水料比计算

根据图 3 - 1 可知，W：L = 水：浆料干重 = 0.13，我们通过读取灌浆料或者坐浆料包装袋上的净重 25kg 标识可以获取干料的重量并推算出水：25kg = 0.13，水 = 0.13 × 25kg = 3.25kg。

1. 灌浆料工程用量的计算

（1）通过实验确定灌浆料在标准水料比情况下的密度 ρ 一般在 1900 ~ 2200，我们假设为 2000kg/$m^3$。推荐对厂家推荐水料比的拌合作容重试验取值计算。

（2）实测灌浆套筒体积容量不含钢筋 V × 套筒总数，这里区分套筒的规格分别累计，列入某栋楼用套筒规格为 16mm 的 300 支、20mm 的 100 支，又测算出 16mm 全灌浆套筒体积为 0.0001$m^3$，测得 20mm 全灌浆套筒体积为 0.00018$m^3$，则套筒总体积为 0.048$m^3$（V16 × 300 + V20 × 100 = 0.03 + 0.018 = 0.048$m^3$），可以算出需要浆料 96kg。

（3）算出联通仓体积一般墙体界面厚度为 0.2m 减去座舱厚度 0.16m，单层界面周长为 100m，座舱高度为 0.02m 墙体连接体积为，墙仓体积为 0.32$m^3$（L × B × H = 0.16 × 100 × 0.02m = 0.32$m^3$），可以算出需要浆料为 640kg。

（4）套筒体积 + 墙仓体积 = 640 + 96 = 拌合物 736kg

（5）干料总需求 = 拌合物重量 ×（1 - 0.13）= 浆料 640kg

（6）包数 = 640 ÷ 25 = 26 包

通过计算一层的用量采购一层的用量施工一次做到节约用料根据实际的使用量计算工程量，一般考虑严格出浆工艺会有一定的浪费，比例一般为 3% 不含检测数量。因为灌浆料价格昂贵，且有一定的保质期、存储难度大，所以灌浆工对浆料的用量要有一定的预算常识。

2. 坐浆料工程用量的计算

坐浆料的计算比较简单，一般看工程专项方案的编辑要求。

如果采取快速坐浆料用量较少一般为墙舱体体积的1/4依据上面的数据我们得知墙仓的体积为0.32$m^3$，那么直接可以算出快速坐浆料的用量0.08$m^3$则重量为160kg，需要7包。

如果采取普通坐浆料用量一般为快速坐浆料的1.5系数，因为普通坐浆料凝结时间慢会出现形变。我们一般采取护坡形式外围加厚截面按照上面的实例数据需要11包（1.5×7）的用量。

# 第六节 构件灌浆试验

## 一、灌浆作业前的模拟性灌浆试验

模拟性灌浆试验是建立在工厂形式检测及工艺检测合格的基础上进行的一次带有培训色彩和模拟实体情况的质量管理行为，需要现场搭建单个或一组灌浆实体的样板进行实体灌浆预热工作，以排查人、机、物、料、法、环的各种突发问题的可能性，这也是检查灌浆工法、专项方案的可行性的必要环节，尤其关注的是灌浆饱满性措施是否可靠、灌浆饱满度是否达标的重要环节。

一般是总包单位牵头，安装队伍搭建条件，灌浆队伍负责灌浆，监理单位旁站，专业队伍指导，共同见证完成。其形成的接头可以通过破损观察饱满度，也可以送检形成模拟工艺检测报告。出现不合理、不能保证灌浆质量要求的，应检查问题写出总结报告并不断整改，调整作业书直到模拟试验达到合格效果才能算完成，作为新工艺、新工序尤其在当下预制构件大量应用且技术环境不成熟的时代，我们施工人员更要重视这个环节，因为它将是我们接受新工艺的重要磨刀石。现场灌浆试验见图 3 – 2。

**图 3 – 2　现场灌浆试验示意**

## 二、工程实体的首段、首批构件试灌浆试验

首段验收是装配式工程提出一个比较由标志性的验收节点，任何与装配式有关的内容都包含了首个、首批、首段的概念，作为竖向构件或者预制构件连接重点的隐蔽工程。我们对首段灌浆的实体要足够重视。一般验收部门也格外重视首层灌浆的质量，值得注意的首层灌浆的实体不能采用多层安装跳层灌浆的施工方案进行，比较稳妥的方法是前三层采用逐层安装、逐层灌浆的方案（否则硬化后灌浆将带来不少麻烦）。

# 第四章

# 施工工艺流程及控制要点

对于目前装配式建筑项目构件灌浆作业，一般分为三大构件：预制板墙灌浆构件、预制柱灌浆构件、预制梁灌浆构件（见图4－1）。对于构件灌浆作业全程应进行影像资料的记录，构件灌浆操作总体流程如图4－2至图4－5所示。

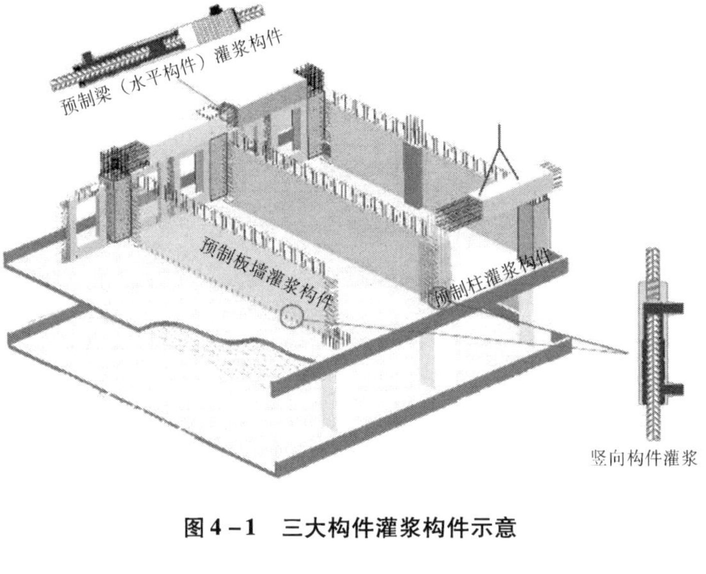


**图4－1　三大构件灌浆构件示意**

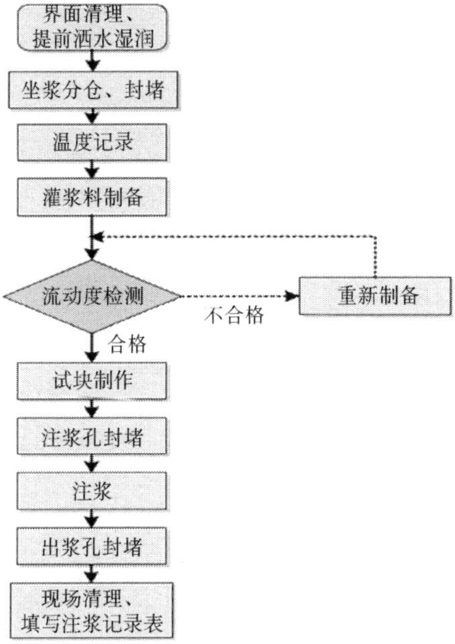


**图4－2　板墙（有分仓）构件套筒灌浆连接**

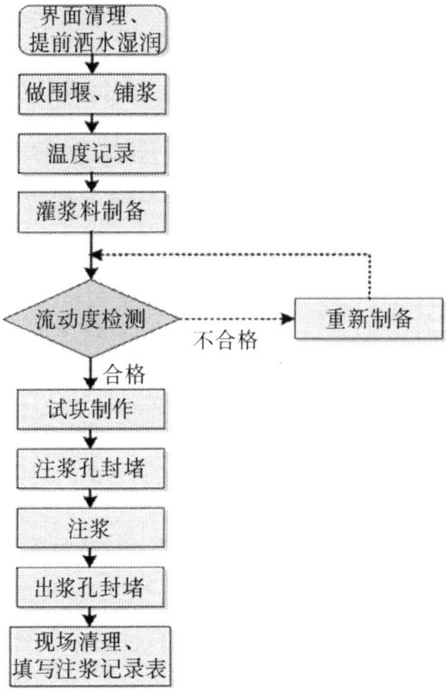


**图4－3　柱（单仓）构件套筒灌浆连接**

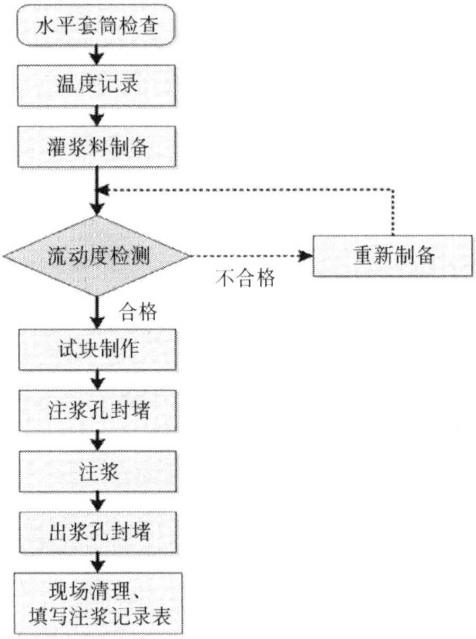


**图 4－4　梁（水平）构件套筒灌浆连接**

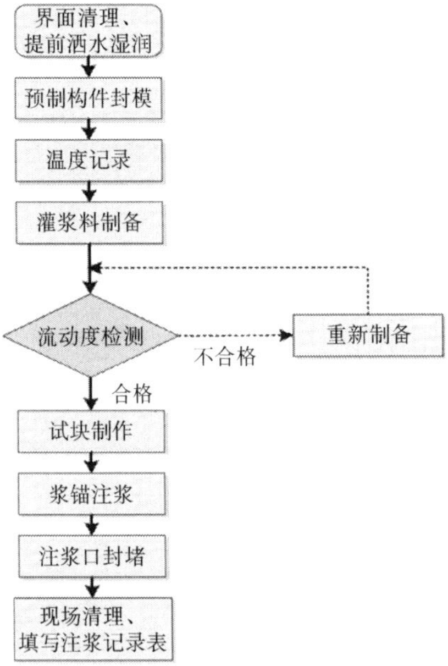


**图 4－5　构件浆锚灌浆连接**

# 第一节

# 套筒灌浆连接施工工艺

套筒灌浆连接工艺包括灌浆料的制备、灌浆料的检验、灌浆区内外封堵、灌浆区域的分仓处理以及接缝封堵及灌浆孔封堵等步骤(见表4－1)。

表4－1　　套筒灌浆连接工艺

| 项次 | 工艺步骤 | 示意图 |
|---|---|---|
| 1 | 灌浆料制备：<br>①打开包装袋，检验灌浆料外观及包装上的有效期，将干料混合均匀，无受潮结块等异常后，方可使用<br>②拌和用水应符合现行行业标准《混凝土用水标准》JGJ 63 的有关规定<br>③灌浆料需按产品质量证明文件注明的用水量进行拌制，也可按加水率（加水率 = 加水重量 ÷ 干料重量 ×100%）进行拌制<br>④为使灌浆料的拌和比例准确，使用量筒作为计量容器<br>⑤搅拌机、搅拌桶就位后，将水和灌浆料倒入搅拌桶内进行搅拌，先加入 80% 水量搅拌 2 ~ 3min 后，再加剩余的水，搅拌时拌合物应出现“旋涡”状，且筒底四周不能有未拌开的干料成疙瘩，搅拌均匀后静置 2min 排气，然后进行灌浆作业；灌浆料搅拌完成后，不得加水 |  |

续表

| 项次 | 工艺步骤 | 示意图 |
| --- | --- | --- |
| 2 | 灌浆料的检验：<br>①强度检验：灌浆料强度按批检验，以每层楼为一个检验批；每工作班组应制作一组且每层不应少于 3 组 40mm × 40mm × 160mm 的试件，标准养护 28 天后进行抗压强度试验<br>②流动度及实际可操作时间检验：每次灌浆施工前，需对制备好的灌浆料进行流动度检验，同时需做实际可操作时间检验，保证灌浆施工时间在产品可操作时间内完成；灌浆料搅拌完成初始流动度应不小于 300mm，以 260mm 为流动下限。浆料流动时，用灌浆机循环灌浆的形式进行检测，记录流动度降为 260mm 时所用时间；浆料搅拌后完全静止不动，记录流动度降为 260mm 时所用时间；根据时间数据确定浆料实际可操作时间，并要求在此时间内完成灌浆 | <br>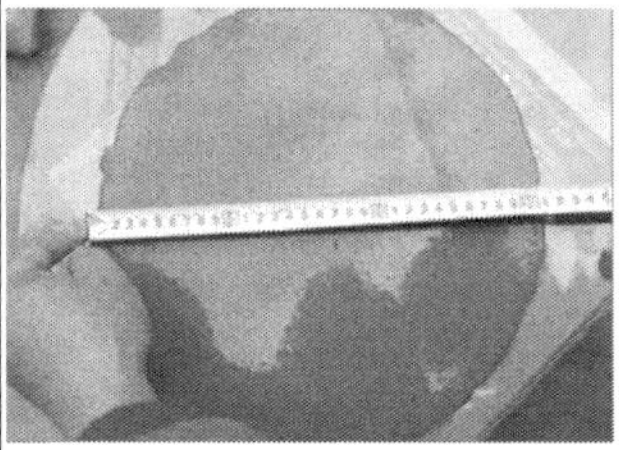 |
| 3 | 灌浆区内外侧封堵：<br>预制构件安装校正固定稳妥后，使用风机清理预留板缝，并用水将封堵部位润湿，周边的缝隙用 1：2.5 水泥砂浆填塞密实、抹平，砂浆内掺加水泥用量 10% 的 107 胶；当缝隙宽大于 3cm 时，应用 C20 细石混凝土浇筑密实；塞缝作业时应注意避免堵塞注浆孔及灌浆连通腔 | 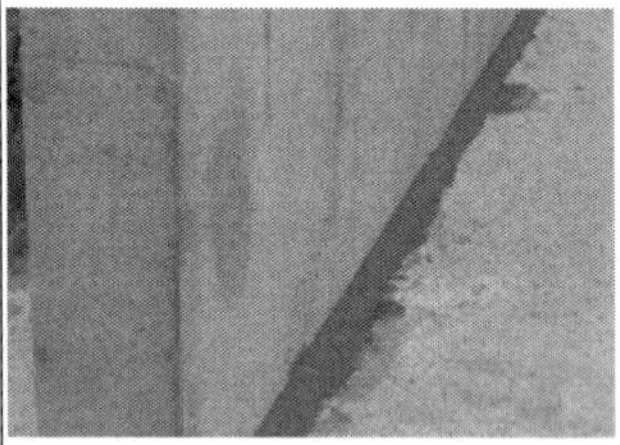<br> |

续表

| 项次 | 工艺步骤 | 示意图 |
| --- | --- | --- |
| 4 | 灌浆区域的分仓措施：<br>灌浆区域的分仓必须按照《钢筋套筒灌浆连接技术规程》的规定；当用连通腔灌浆方式时，每个连通灌浆区域（仓室长度）不宜超过1500mm；有套筒群部位则整个套筒群可以独立作为一个灌浆仓；灌浆施工前，对每块预制墙板分仓进行编号<br>灌浆区域的分仓施工时，严格按照施工方案确定的分仓位置进行；首先将专用工具塞入预制墙板下方20mm的缝隙中；将坐浆砂浆放置于托板上；用另一专用工具塞填砂浆<br>灌浆区域的分仓砂浆带宽度约30～50mm，分仓完成后进行封仓施工；首先将封仓专用工具伸入20mm的缝隙中；作为抹封仓砂浆的挡板。伸入墙体控制在5～10mm<br>保证套筒插筋的保护层厚度满足规范要求；再用搅拌好的坐浆砂浆进行封仓施工 | 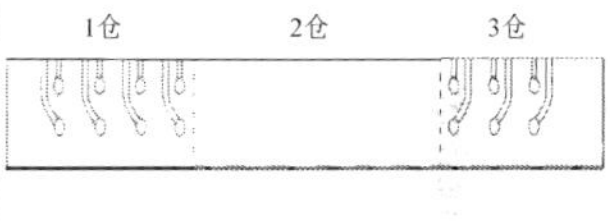<br> |
| 5 | 灌浆作业：<br>灌浆时，需要提前对灌浆面进行洒水润湿且不得有明显积水；首先将搅拌好的灌浆料倒入灌浆筒，盖严拧紧灌浆筒封盖，连接灌浆筒与空压机通气管；灌浆管插入灌浆孔，空压机开始增压；调节进气阀门，采用低压力灌浆工艺，通过控制灌浆筒内压力来控制灌浆过程，浆体流速<br>灌浆料拌合物从灌浆筒采用增压，通过导管经注浆孔流入腔体与套筒；当灌浆料拌合物从构件其他灌浆孔、出将孔流出且无气泡后及时用橡胶塞封堵；同一块预制墙板有多个灌浆仓 | 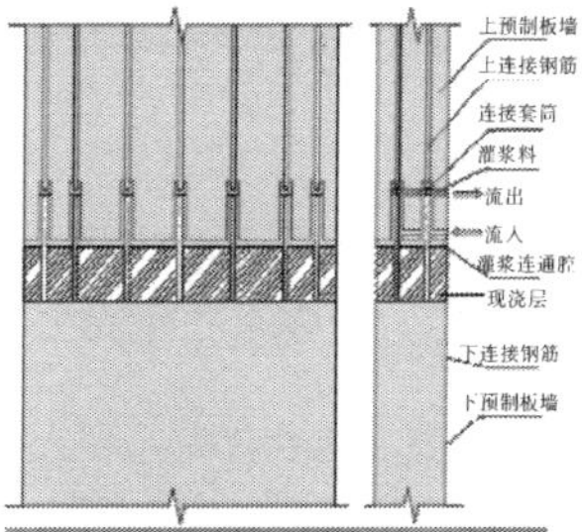<br><br>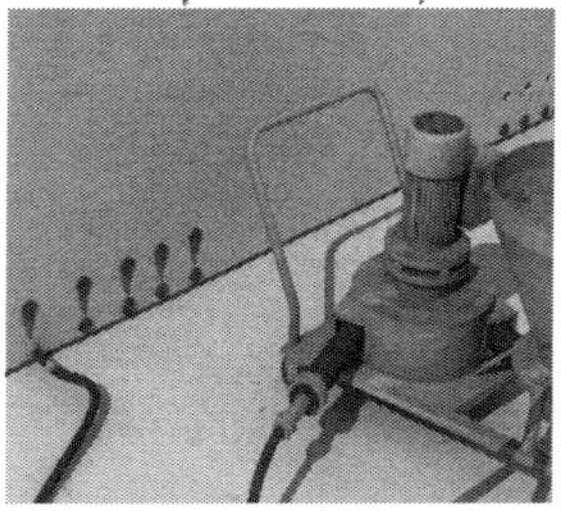 |

续表

| 项次 | 工艺步骤 | 示意图 |
|---|---|---|
| 5 | 当存在无灌浆套筒的灌浆仓时，首先灌注无套筒的灌浆仓，有套筒的灌浆仓注浆时选择靠近无套筒的灌浆仓一侧的注浆孔；如果离无套筒的灌浆仓最近的注浆孔不便封堵，则可向相反方向顺延一个<br>灌浆仓保压：<br>所有灌浆套筒的出浆孔均排出浆体并封堵后，调低灌浆设备的压力，开始保压（0.1MPa）保压1min<br>保压期间随机拔掉少数出浆孔橡胶塞。观察到灌浆料从出浆孔喷涌出时，要迅速再次封堵<br>经保压后拔除灌浆管；拔除灌浆管到封堵橡胶塞时间，间隔不得超过1s，避免灌浆仓内经过保压的浆体溢出灌浆仓，造成灌浆不实 | 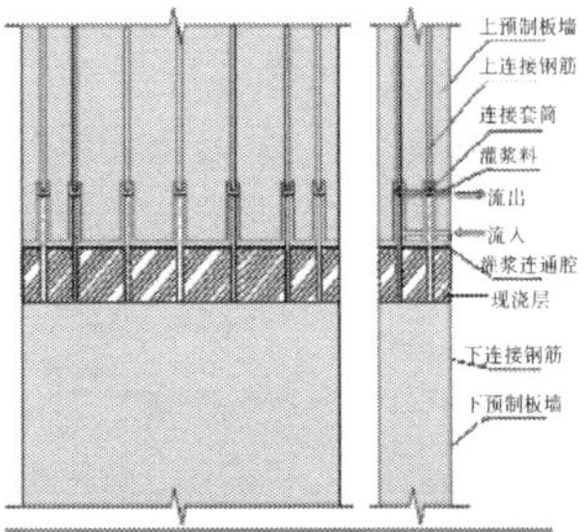<br>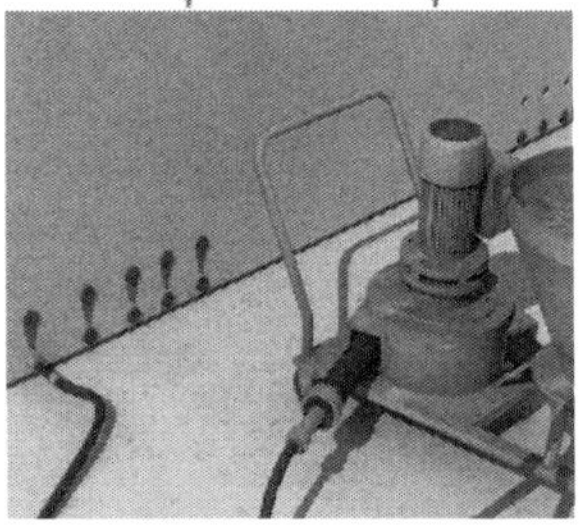 |
| 6 | 填写灌浆施工检查记录表：<br>灌浆施工必须由专职质检人员及经理人员全过程旁站监督，每块预制墙板均要填写《灌浆施工检查记录表》，并留存照片和视频资料<br>灌浆施工检查记录表有灌浆作业人员，施工专职质检人员及监理人员共同签字确认 |  |

## 第二节

## 浆锚连接施工工艺

1. 有条件时宜使用坐浆料，封边封料处理封闭

拼缝模板支设（替代法）

（1）外墙外侧上口预先采用20mm厚挤塑条，用胶水将挤塑板固定于下部构件上口外侧，外墙内侧采用木模板围挡，用钢管加顶托顶紧。

（2）墙板与楼地面间缝隙使用木模将两侧封堵密实。

2. 注浆管内喷水湿润

（1）选用生活饮用水或经检验可用的地表水及地下水。

（2）拌和用水不应影响注浆材料的和易性、强度、耐久性，且不应腐蚀钢筋。

（3）对金属注浆管内和接缝内洒水应适量，洒水后应间隔2h再进行灌浆，防止积水。

3. 搅拌灌浆料

（1）拌和用水不应影响注浆材料的和易性、强度、耐久性，且不应腐蚀钢筋。

（2）注浆料宜选用成品高强灌浆料，应具有流动性大、无收缩、早强高强等特点。抗压强度要求：1d≥20MPa，3d≥40MPa，28d≥60MPa；初凝时间应大于30min，终凝时间应在2~4h。

（3）一般要求配料比例控制为：一包灌浆料20kg用水3.5kg，流动度≥270mm。

（4）搅拌时间为60s以上，应充分搅拌均匀，选用手持式电动搅拌机搅拌过程中不得将叶片提出液面，防止带入气泡。

（5）一次搅拌的注浆料应在30min内用完。

4. 注浆管内孔注浆

（1）可采用高位自重流淌灌浆或采用压力注浆。高位自重流淌注浆，即选用料斗放置在高处，利用注浆料自重流淌灌入；压力注浆，注浆压力应保持在0.2～0.5MPa。

（2）采用高位自重流淌注浆方法时注意先从高位注浆管口注浆，待注浆料接近低位注浆口时，注入第二高位注浆口，以此类推。待注浆料终凝前分别对高位注浆管口、低位注浆管口进行补浆，这样确保注浆材料的密实性和连续性。

（3）注浆应逐个构件进行，一块构件中的注浆孔或单独的拼缝应一次性连续注浆直至注满。

5. 构件表面清理

构件注浆后应及时清理沿灌浆口溢出的注浆料，随注随清，防止污染构件表面。

6. 注浆管口表面填实压光

（1）注浆口填实压光应在注浆料终凝前进行。

（2）注浆管口应抹压至与构件表面平整，不得凸出或凹陷。

（3）注浆料终凝后应洒水养护，每天3～5次，养护时间不得少于7天。

## 第三节 三大构件灌浆连接实例展示

### 一、预制板墙构件分仓、封仓

预制墙板吊装就位，调校检查符合灌浆要求后，进行坐浆砂浆分仓、封仓等工序施工，分仓必须按照《钢筋套筒灌浆连接技术规程》的规定，当用连通腔灌浆方式时，每个连通灌浆区域（仓室长度）不宜超过1500mm。

若有套筒群部位，则整个套筒群可独立作为一个灌浆仓，分仓施工时，严格按照施工方案确定的分仓位置进行（见图4－6、图4－7）。

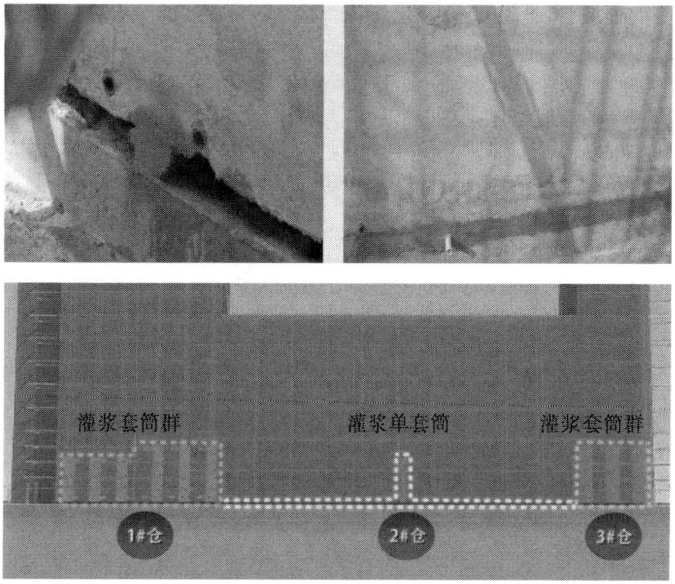


**图4－6　分仓、封仓示意**

将专用工具塞入预制墙板下方20mm的缝隙，将坐浆砂浆放置于托板上。用另一专用工具塞填砂浆，分仓砂浆带宽度约为30～50mm，分仓完成后进行封仓施工（见图4－7）。

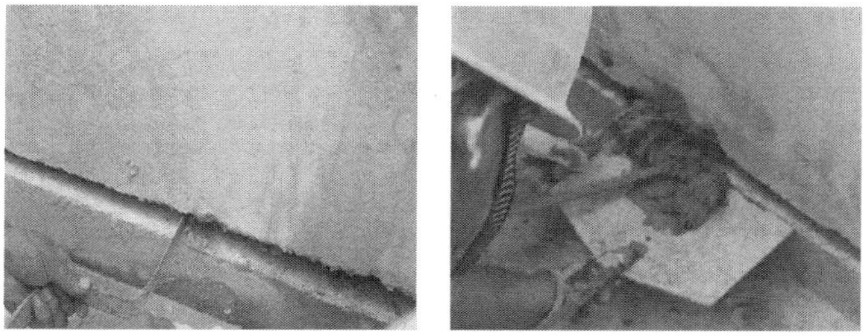

**图4－7　分仓操作示意**

将封仓专用工具伸入20mm的缝隙，作为抹封仓砂浆的挡板，伸入墙体控制在5~10mm，保证套筒插筋的保护层厚度满足规范要求，然后用搅拌好的坐浆砂浆进行封仓施工（见图4-8）。

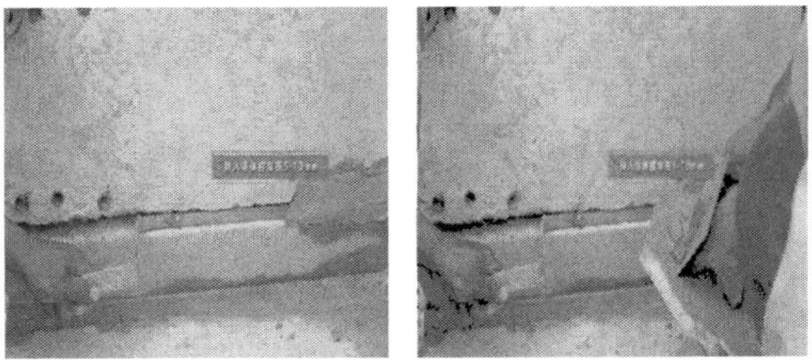

图4-8 封仓操作示意

## 二、预制柱（单仓）构件围堰、铺浆

预制柱吊装就位，调校检查符合灌浆要求后，将柱底的灌浆连接腔用密封胶条或坐浆材料进行四周围堰（防止灌浆前异物进入腔内）。坐浆料其原材料标号至少比预制柱标号高一级，因坐浆砂浆削弱了构件的断面，事前须征得设计部门同意。

按照使用说明书要求，将专用坐浆料机械搅拌成砂浆，且过10min左右，方可使用（主要是因为坐浆料须经过10min左右的化学反应后，才产生强度），用适当宽度的坐浆砂浆封堵柱底四周，形成柱底的密闭灌浆腔（见图4-9）。

图4-9 预制柱（单仓）围堰、铺浆示意

## 三、预制梁（水平）构件连接

目前，预制梁（水平）构件连接采用套筒灌浆，预制梁吊装就位，调校检查符合灌浆要求后，进行灌浆作业（见图4－10）。

图4－10　预制梁吊装就位示意

## 四、灌浆料的作业

### （一）灌浆料的制备

1. 根据灌浆体积初步计算灌浆料用量和作业时间

（1）灌浆料用量应考虑：连接套筒内腔（扣除钢筋部分）、灌浆排浆管路、底部灌浆腔、分仓段、灌浆设备管路和其他部位残留。

（2）作业时间应考虑在现场实际条件下，灌浆料搅拌制作所需时间、灌浆实际灌注所需时间、灌浆料实际允许的可操作时间。

（3）通常情况下，可以实际记录10kg灌浆料自加水搅拌开始，至浆体排气后可以进行灌浆的时间；灌浆泵将该灌浆料灌直至构件全部接头排浆孔出浆搅拌制成的时间。两端作业的总时间宜在30min内完成。实测条件允许时，可以适当放宽操作时间。

2. 根据计算和试验确定灌浆作业方案

（1）根据工程现场实际使用的专用灌浆泵（如JM－GJB5

型)，输出的砂浆流量约为5L/min，该泵料斗容积为25L，泵的灌浆软管长度为3m（其内径应实测）。在正常情况下，泵料斗贮存的砂浆可以在20min内完成20L砂浆（约50kg灌浆料干粉料）的灌浆作业。

（2）为避免灌浆料浪费，应首先进行多次灌浆试验，确定每个柱子所需注浆量，制定单柱灌浆或多柱灌浆的操作方案，争取一次灌浆工作，将泵料斗内的砂浆刚好用完。

（3）为提高工效和降低浪费，也可以在第一批搅拌制成的砂浆进行泵送灌浆时，砂浆制备人员同时进行第二批砂浆的搅拌制备，在保证每批砂浆都能在规定时间内完成灌浆作业的条件下，形成搅拌、灌浆的连续作业。

## （二）制作灌浆料浆料

（1）制浆作业班组取来成袋包装的接头专用灌浆料，打开袋子，用温度计插入干粉，检查料温（料温应符合该批材料规定使用要求)，然后将干粉倒入称量器具，注意观察材料外观是否正常(防止意外受潮的有结块的砂浆使用)。

（2）用小铲取灌浆料，称量好正确数量的砂浆，倒入搅拌容器。

（3）取来砂浆拌合用水，用温度计测量水温（水温应符合灌浆料的要求，通常为室温)，然后倒入容器进行称量，称量正确数量的拌合水（见图4－11)。

**图4－11 现场灌浆制备材料与称量工具示意**

（4）先将 80% 的水倒入容器，开始进行搅拌，搅拌 3～4min 后在加入剩余拌合水继续搅拌，直至浆料均匀，静置 2min 让浆液排气（见图 4－12）。

**图 4－12　现场灌浆搅拌示意**

（5）首次开工时，应先取浆体，倒入放在玻璃板上的流动度试模内，检测砂浆的初始流动度是否符合要求（室温条件下应不小于 300mm），合格后即可将浆料迅速倒入灌浆泵料斗，由灌浆作业班组进行灌浆作业。本组填写制浆记录表后，继续制浆。

（6）在环境温度等条件无显著变化的条件下，在材料批号相同时，当日工作可不再进行流动度检测（见图 4－13）。

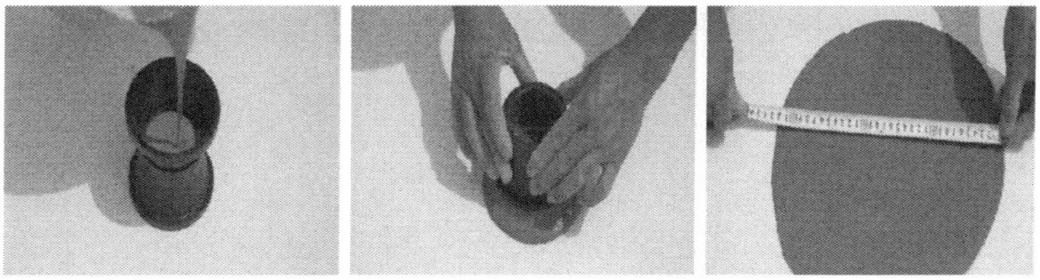

**图 4－13　现场流动度检测示意**

（7）如需检测 30min 或 60min 流动度，应将被检测的砂浆倒入搅拌容器内再次充分搅拌后再倒入试模。

（8）搅拌容器壁如沾有较多残余砂浆时，应及时清洗掉，不得让陈旧的浆料混入新制备的浆料。清洗搅拌容器的水不得用于砂浆的制备，必须予以废弃。

### (三) 灌浆试块，试件制作

（1）用灌浆机循环打出的匀质浆料向 40mm × 40mm × 160mm 的试模中分两层打入浆料，第一层用插刀排除气体，拨匀拌合物再装入第二层，同样插刀排气刮平，这是注意浆料要略微高出膜具，采用水泥胶砂的制作的手法，第一次近似垂直刮平，第二次近似平行刮平，刮完后的浆料表面略微鼓起即可。

（2）每作业一次取样不得少于一次，每层作业不少于三组。一组用于标准养护，一组抗干扰实验同条件，一组 28 天同条件。试件标注信息，用标签挂起，不能在试件表面刻字（见图 4 – 14）。

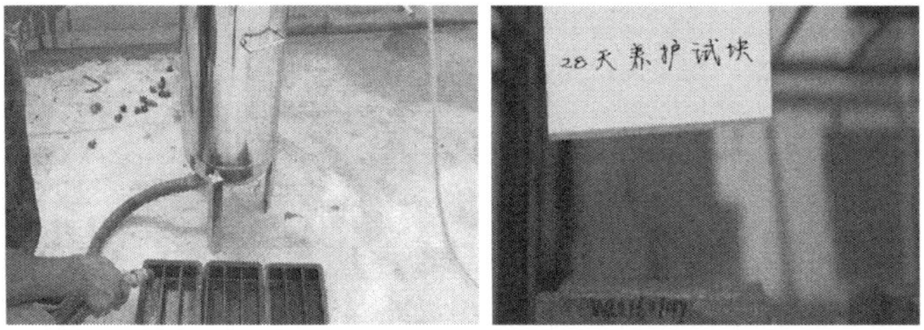


**图 4 – 14 现场试块制作示意**

（3）在灌浆过程中，每一工作班同一规格，每 500 个灌浆套筒连接接头制作 3 个相同灌浆工艺的平行试件，进行抗拉强度检验（见图 4 – 15）。

**图 4 – 15 现场试块制作示意**

## （四）灌浆操作

（1）灌浆泵运转时，灌浆管端头应放在料斗内，以免浆料流出浪费，浆料流出后可先暂停泵，再将灌浆端对准一个灌浆口继续开泵灌浆。

（2）灌浆管端头插入口位置的选择：预制柱构件通常选柱某面一端的注浆孔；无分仓的预制墙板通常选一端的注浆孔，有分仓时当存在无灌浆套筒的灌浆仓时，先灌注无套筒的灌浆仓，有套筒的灌浆仓注浆时选择靠近无套筒的灌浆仓一侧的注浆孔。如果离无套筒的灌浆仓最近的注浆孔不便封堵，那么可向相反方向顺延一个。一个灌浆单元只能从一个灌浆口注入，不得同时从多个灌浆口注浆（见图4－16）。

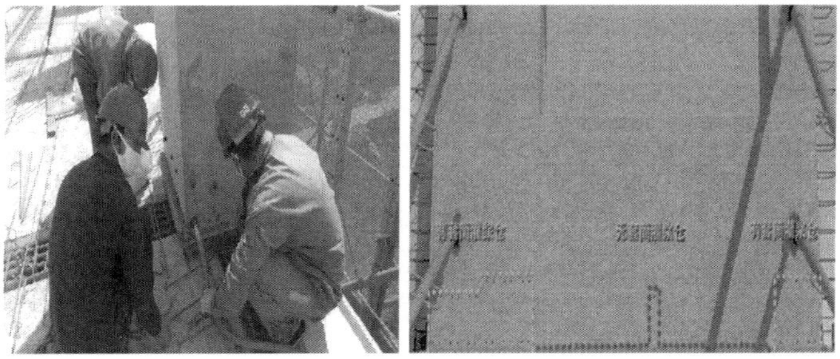

**图4－16　现场灌浆操作示意**

（3）所有连接接头的灌浆口都应没有被封堵，当灌浆口漏出浆液时，应立即用胶塞或木塞进行封堵牢固，同时摘除其上排浆孔的封堵胶塞（如果排浆孔事先封堵了胶塞时），直至所有灌浆孔都流出浆液并已封堵后，等待排浆孔出浆。

（4）接头排浆孔流出浆液后，立即用胶塞封堵，并依次完成所有流出浆液接头排浆孔的封堵，最后确认各孔均流出浆液后，可以转入下一构件的灌浆作业或停止灌浆。现场构件注浆封堵见图4－17。

图 4－17 现场构件注浆封堵示意

（5）所有灌浆套筒的出浆孔均排出浆体并封堵后，调低灌浆设备的压力，开始保压（0.1MPa）保压 1min，保压期间随机拔掉少数出浆孔橡胶塞，观察到灌浆料从出浆孔喷涌出时，要迅速再次封堵。经保压后拔除灌浆管，拔除灌浆管到封堵橡胶塞时间，间隔不得超过 1s，避免灌浆仓内经过保压的浆体溢出灌浆仓，造成灌浆不实。

（6）在一个阶段灌浆作业结束后，应立即清洗灌浆泵，灌浆泵内残留的灌浆料浆液如已超过 30min（自制浆加水开始计算），除非有证据证明其流动度能满足下一个灌浆作业时间，否则不得继续使用，应废弃，清洗灌浆泵和管道的水均不得用于砂浆的制备，必须予以废弃。

# 第四节 灌浆连接的控制要点

## 一、主要原则

（1）灌浆料进场验收应符合《钢筋套筒灌浆连接应用技术规

程》JGJ 355—2015 的规定。灌浆前应检查套筒、预留孔的规格、位置、数量和深度。

（2）灌浆料应按产品说明书要求计量灌浆料和水的用量，经搅拌均匀并测定其流动度满足要求后方可灌注。

（3）灌浆前应对接缝周围采用专用封堵料进行封堵，柱子可采用木板条封堵或用充气管封堵。

（4）灌浆料拌合物应在灌浆料生产厂给出的时间内用完灌浆作业，且最长不宜超过 30min，已经开始初凝的灌浆料不能使用。

（5）灌浆作业应采取压浆法从下口灌注，当灌浆料从上口流出时应及时封堵出浆口，保持压力 30s 后再封堵灌浆口。

（6）冬季施工时环境温度应在 5℃ 以上，并应对连接处采取加热保温措施，保证浆料在 48h 凝结硬化过程中连接部位温度不低于 10℃。

（7）灌浆后 12h 内不得使构件和灌浆层受到振动、碰撞，灌浆作业应及时做好施工质量的检查记录，并按要求每工作班制作一组试件。

（8）灌浆施工作业过程要严格监控，要有监理旁站，最好现场有监控摄像头，有影像资料存档。

## 二、灌浆操作的严禁事项

（1）当钢筋无法插入套筒或浆锚孔时，严禁切割钢筋。

（2）当钢筋无法插入套筒或浆锚孔时，严禁将钢筋烤软煨弯。

（3）当连接钢筋深入套筒或浆锚孔的长度比允许误差还短时，严禁进行灌浆作业。

（4）严禁错用灌浆料，将浆锚搭接灌浆料用于套筒灌浆。

（5）严禁不按照说明书要求随意配置灌浆料。

（6）严禁分仓或封堵坐浆料挤紧套筒或浆锚孔。

（7）当灌浆封堵漏气导致无法灌满套筒时，严禁从外面用浆料抹进浆孔应付，必须用高压水冲洗干净浆料，重新进行封堵灌浆。

（8）严禁灌浆料开始初凝后用水搅拌浆料继续使用。

（9）严禁灌浆作业后在12h内扰动连接构件。

## 三、套筒灌浆操作要点

套筒灌浆作业操作要点见表4－2。

**表4－2　套筒灌浆作业操作要点**

| 项次 | 操作要点 | 图示 |
| --- | --- | --- |
| 1 | 选择一个出浆口或排气孔安装回灌管 |  |
| 2 | 用灌浆枪嘴插入预制构件底部任意一个进浆口进行压力注浆<br>灌浆应连续，不得中途停顿时间过长；如发生再次灌浆时，应保证已灌入的浆料有足够的流动性后，还需要将已经封堵的出浆孔打开，待灌浆料再次流出后逐个封堵出浆孔 |  |
| 3 | 在压力灌浆时，当出浆孔流出圆柱体灌浆料时，应按浆料排出先后依次使用木塞或硬质胶塞封堵出浆孔，封堵时应保持灌浆压力，直至所有进出浆孔都出浆，同时回灌管内浆液上浮至指定位置<br>如有漏浆须立即从回灌管处补灌损失的浆料 |  |

续表

| 项次 | 操作要点 | 图示 |
|---|---|---|
| 4 | 在灌浆过程中，填写灌浆作业记录表，发现问题的补救处理也要做相应记录 |  |
| 5 | 在灌浆的操作过程中，应用影像记录仪同步记录灌浆的全过程，视频内容包括：灌浆施工人员、专职检验人员、旁站监理人员、灌浆部位、预制构件编号、灌浆料拌合物的制备、流动度检验、试块制作、灌浆施工、灌浆出浆及封堵完成情况 |  |
| 6 | 在灌浆完成后，及时清理灌浆机以及灌浆工作面，确保工完料清 |  |

## 四、浆锚连接灌浆操作要点

集中约束浆锚连接灌浆作业操作要点见表4－3。

**表4－3　浆锚连接灌浆作业操作要点**

| 项次 | 操作要点 | 图示 |
|---|---|---|
| 1 | 在所有出浆口上安装回灌管 | 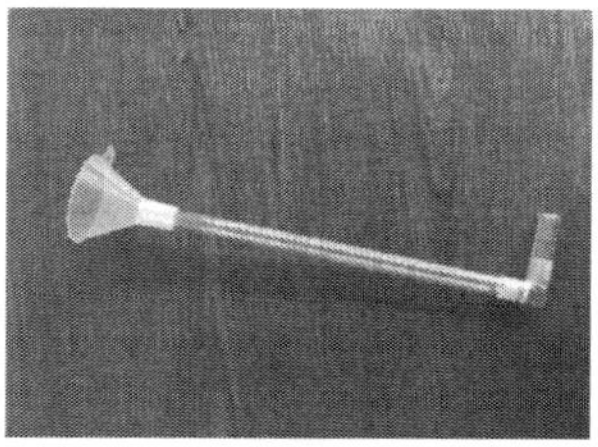 |

续表

| 项次 | 操作要点 | 图示 |
| --- | --- | --- |
| 2 | 根据灌浆孔编号，用灌浆枪嘴依次插入灌浆口进行注浆 |  |
| 3 | 在灌浆时，时刻关注回灌管中灌浆料液面的位置。当观察到灌浆料快要溢出回灌管时，立刻关闭灌浆机，迅速用木塞或硬质胶塞封堵灌浆孔<br>采用分仓时，同一仓只能选择一个灌浆孔，且灌浆的过程中应连续，中途不得停顿 |  |
| 4 | 在灌浆过程中，填写灌浆作业记录表；发现问题的补救处理也要做相应的记录 |  |
| 5 | 在灌浆的操作过程中，应用影像记录仪同步记录灌浆的全过程，视频内容包括：灌浆施工人员、专职检验人员、旁站监理人员、灌浆部位、预制构件编号、灌浆料拌合物的制备、流动度检验、试块制作、灌浆施工、灌浆出浆及封堵完成情况 |  |
| 6 | 在完成当前剪力墙灌浆后，需及时观察回灌管中灌浆料的液面高度，需补浆回灌的，应在 30min 内安排高位补浆，确保回灌管内液面高度 |  |

续表

| 项次 | 操作要点 | 图示 |
|---|---|---|
| 7 | 灌浆完成后，及时清理灌浆机以及灌浆工作面，确保工完料清 |  |

## 五、灌浆作业常见问题处理

在灌浆操作时会遇到不出浆、堵塞等情况，灌浆常见问题及处理对策见表4－4。

**表4－4　　灌浆常见问题及处理对策**

| 序号 | 问题描述 | 对策 |
|---|---|---|
| 1 | 套筒注、出浆口未露出构件表面 | 检查并标记可能位置，用电锤钻孔；如找到，用水枪或空压机清洗灌浆孔道，确保通畅；如无法找到，该构件做报废处理 |
| 2 | 灌浆套筒内、进出浆口异物堵塞 | 用錾子剔除异物 |
| 3 | 封缝砂浆、发泡剂堵住套筒下口，堵塞进浆通道 | ①立即快速起吊构件，剔除杂物，重新进行封缝<br>②如采用后灌浆法，即上层混凝土施工完毕再进行下层构件灌浆法，需打开封缝部位，找到被堵塞部位，小心剔除，重新封缝 |

续表

| 序号 | 问题描述 | 对策 |
|---|---|---|
| 4 | 灌浆过程中，封缝不严造成灌浆料渗漏 | 对于轻微的渗漏部位，可采用：<br>①泡沫海绵压紧塞实渗漏部位<br>②采用堵漏王进行快速封堵<br>对于较严重的渗漏部位，应将封缝部位打开，用高压水枪冲洗所有套筒内部，确认套筒及柱底部无残留的灌浆料后，重新封缝灌浆；无法冲洗干净的，需要及时吊起构件，清理后再重新安装并灌浆 |
| 5 | 钢筋紧贴套筒内壁，堵塞灌浆口或出浆口，造成出浆不畅或不出浆 | ①用钢棒插入出浆孔，抵住钢筋，用锤重击，对钢筋位置进行微调<br>②重新起吊构件，调整钢筋顺直度 |

# 第五章

# 质量检查验收

## 第一节

## 总则

装配式混凝土结构工程应按混凝土结构子分部工程进行验收，装配式混凝土结构部分应按混凝土结构子分部工程的分项工程验收，混凝土结构子分部中其他分项工程应符合现行国家标准《混凝土结构工程施工质量验收规范》GB 50204—2015 的有关规定。

装配式混凝土结构工程施工用的原材料、部品、构配件均应按检验批进行进场验收。

装配式混凝土结构连接节点及叠合构件浇筑混凝土前，应进行隐蔽工程验收。隐蔽工程验收应包括下列主要内容。

（1）混凝土粗糙面的质量，键槽的尺寸、数量、位置。

（2）钢筋的牌号、规格、数量、位置、间距、箍筋弯钩的弯折角度及平直段长度。

（3）钢筋的连接方式、接头位置、接头数量、接头面积百分率、搭接长度、锚固方式及锚固长度。

（4）预埋件、预留管线的规格、数量、位置。

（5）预制混凝土构件接缝处防水、防火等构造做法。

（6）保温及其节点施工。

（7）其他隐蔽项目。

混凝土结构子分部工程验收时，除应符合现行国家标准《混凝土结构工程施工质量验收规范》GB 50204—2015 的有关规定提供文件和记录外，尚应提供下列文件和记录。

（1）工程设计文件、预制构件安装施工图和加工制作详图。

（2）预制构件、主要材料及配件的质量证明文件、进场验收记录、抽样复验报告。

（3）预制构件安装施工记录。

（4）钢筋套筒灌浆型式检验报告、工艺检验报告和施工检验记录，浆锚搭接连接的施工检验记录。

（5）后浇混凝土部位的隐蔽工程检查验收文件。

（6）后浇混凝土、灌浆料、坐浆材料强度检测报告。

（7）外墙防水施工质量检验记录。

（8）装配式结构分项工程质量验收文件。

（9）装配式工程的重大质量问题的处理方案和验收记录。

（10）装配式工程的其他文件和记录。

## 一、套筒灌浆连接验收的基本规定

钢筋套筒灌浆连接接头采用的套筒应符合现行行业标准《钢筋连接用灌浆套筒》JG/T 398—2020 的规定。钢筋套筒灌浆连接接头采用的灌浆料应符合现行行业标准《钢筋连接用套筒灌浆料》JG/T 408—2020 的规定。当装配式混凝土结构采用符合《钢筋套筒灌浆连接应用技术规程》JGJ355—2015 相应要求的套筒灌浆连接接头时，全部构件纵向受力钢筋可在同一截面上连接，混凝土结构中全截面受拉构件同一截面不宜全部采用钢筋套筒灌浆连接。

套筒灌浆连接基本规定详见表5－1。

**表5－1　　套筒灌浆连接基本规定**

<table>
<tr><th colspan="3">控制项</th><th>基本规定</th></tr>
<tr><td colspan="3">连接钢筋直径</td><td>≤30mm</td></tr>
<tr><td rowspan="2">灌浆套筒灌浆端最小内径与连接钢筋公称直径的差值</td><td rowspan="2">被连接钢筋直径</td><td>12～25mm</td><td>≥10mm</td></tr>
<tr><td>28～40mm</td><td>≥15mm</td></tr>
<tr><td colspan="3" rowspan="2">套筒外侧钢筋的混凝土保护层厚度</td><td>预制剪力墙：≥15mm</td></tr>
<tr><td>预制柱：≥20mm</td></tr>
<tr><td colspan="3">套筒净距</td><td>≥25mm 且≥套筒直径</td></tr>
<tr><td colspan="3">钢筋锚固深度</td><td>≥8 $d_s$<br>（如果用小于8倍的产品，可将产品型式检验报告作为应用依据）</td></tr>
<tr><td colspan="3">混凝土强度等级</td><td>≥C30</td></tr>
</table>

注：①$d_s$为插入钢筋公称直径（全灌浆套筒两个灌浆端均宜满足8*ds*的要求，半灌浆套筒灌浆端宜满足8*ds*的要求）；②不同直径的钢筋连接时，按灌浆套筒灌浆端钢筋锚固的深度要求确定钢筋锚固长度，如用直径规格为20mm的灌浆套筒连接直径为18mm的钢筋时，如灌浆套筒的设计锚固深度为8倍钢筋直径，则直径18mm的钢筋应按160mm的锚固长度考虑，而不是144mm[5－24]。

钢筋套筒灌浆连接验收应满足《钢筋套筒灌浆连接应用技术规程》JGJ 355—2015的相关要求。

## 二、浆锚灌浆连接验收基本规定

纵向钢筋采用浆锚搭接连接时，对预留孔成孔工艺、孔道形状和长度、构造要求、灌浆料和被连接钢筋，应进行力学性能以及适用性的试验验证，经鉴定确认安全后方可采用；必要时尚应对预制构件进行连接性能的试验验证。直径大于20mm的钢筋不宜采用浆锚搭接连接，直接承受动力荷载构件的纵向钢筋不应采用浆锚搭接连接。当约束搭接钢筋直径大于25mm及需要进行疲劳验算的纵筋连接时，应进行系统的试验研究并采取可靠的构造措施。

预制剪力墙板竖向钢筋采用浆锚搭接时的构造要求见表5－2。

**表5－2 预制剪力墙板竖向钢筋采用浆锚搭接时的构造要求**

| 控制项 | 基本规定 |
|---|---|
| 连接钢筋数量 | 竖向钢筋应逐根连接，连接钢筋面积应计算确定，且不应小于1.1倍墙体竖向钢筋实配面积 |
| 连接钢筋长度 | 竖向连接钢筋的长度应通过计算确定，预留浆锚管的长度应大于主筋搭接长度为30mm，镀锌金属波纹浆锚管的内径应不小于墙主筋直径为＋15mm |
| 插筋孔要求 | 插筋孔直径宜取40mm和2.5倍连接钢筋直径的较大值，插筋孔边到墙板边的距离不宜小于25mm |
| 灌浆孔与出浆孔要求 | 预留插筋孔下部应设置灌浆孔，灌浆孔中心至预制墙板底边的距离宜为25mm，预制墙板预留插筋孔上部应设置出浆孔，出浆孔中心宜高于插筋孔顶面，灌浆孔和出浆孔直径宜为20mm，应布置于预制墙板的同一侧面，且在预制墙板表面宜均匀布置 |
| 约束浆锚搭接连接螺旋箍筋相关要求 | 螺旋箍筋两端并紧不宜少于两圈，螺旋箍筋的混凝土保护层厚度不应小于15mm，螺旋箍筋距灌浆孔边不宜小于5mm |

## 三、构件连接质量验收检查项目

装配式混凝土结构连接分为主控项目和一般项目进行质量检查与验收，装配式混凝土结构连接主控项目见表5－3、表5－4。

**表5－3 装配式混凝土结构连接主控项目**

| 检查项目 | 检查方法 | 检查数量 |
|---|---|---|
| （1）装配式结构构件的连接方式应符合设计要求 | 观察检查 | 全数检查 |
| （2）构件锚筋与现浇结构钢筋的搭接长度必须符合设计要求 | 观察检查，测量检查 | 全数检查 |

续表

| 检查项目 | 检查方法 | 检查数量 |
| --- | --- | --- |
| (3) 装配式结构中构件的接头和拼缝应符合设计要求；当设计无具体要求时，应符合下列规定：<br>①对承受内力的接头和拼缝，应采用混凝土或砂浆浇筑，其强度等级应比构件混凝土强度等级提高一级<br>②对不承受内力的接头和拼缝，应采用混凝土或砂浆浇筑，其强度等级不应低于C15或M15<br>③用于接头和拼缝的混凝土或砂浆，宜采取微膨胀措施和快硬措施，在浇筑过程中应振捣密实，并采取必要的养护措施<br>④外墙板间拼缝宽度不应小于15mm且不宜大于20mm | 检查施工记录及试件强度试验报告 | 全数检查 |
| (4) 构件搁置长度应符合设计要求；设计无要求时，梁搁置长度不应小于20mm，楼面板搁置长度不应小于15mm | 观察检查 | 全数检查 |
| (5) 梁与柱连接应符合下列要求：<br>①安装梁的柱间距、主梁和次梁尺寸应符合设计要求<br>②梁、柱构件采用键槽连接时，键槽内的U形钢筋直径不应小于12mm，不宜超过20mm；钢绞线弯锚长度不应小于210mm，梁端键槽和键槽内U形钢筋平直段的长度应满足表5－4的规定；伸入节点的U形钢筋面积，一级抗震等级不应小于梁上部钢筋面积的0.55倍，二三级抗震等级不应小于梁上部钢筋面积的0.4倍<br>③采用型钢辅助连接的节点及接缝处的纵筋宜采用可调组合套筒钢筋接头，预制梁中钢筋接头处套筒外侧箍筋保护层厚度不应小于15mm，预制柱中钢筋接头处套筒外侧箍筋的保护层厚度不应小于20mm | 钢尺量测，检查隐蔽工程验收记录 | 全数检查 |

续表

| 检查项目 | 检查方法 | 检查数量 |
| --- | --- | --- |
| （6）外墙板拼缝处理应符合下列要求：<br>①当采用密封材料防水时，密封材料的性能应符合《混凝土建筑用密封胶》JC/T 881 或《聚氨酯建筑密封胶》JC/T 482 的规定，密封胶必须与板材粘结牢固，应打注均匀、饱满，厚度不应小于 10mm，板缝过深应加填充料，不得有漏嵌、虚粘等现象；外墙板接缝不得渗水<br>②外墙板接缝采用水泥基材料防水时，嵌缝前应用水泥基无收缩灌浆料灌实或用干硬性水泥砂浆捻塞严密，灌浆料的嵌缝深度不得小于 15mm，干硬性水泥砂浆捻塞深度不应小于 20mm<br>③当采用构造防水时，外墙板的边不得损坏；对有缺棱掉角或边角裂缝的墙板，修补后方可使用；竖向接缝浇筑混凝土后，防水空腔应畅通<br>④当预制构件外墙板连接板缝带有防水止水条时，其品种、规格、性能等应符合国家现行产品标准和设计要求 | 检查防水材料质量合格证明文件和现场抽样检测报告和隐蔽验收记录，雨后观察或检查淋水试验记录，淋水试验方法见《江苏省装配式结构工程施工质量验收规程》DGJ32/J 184—2016 的“附录 A” | 全数检查，构造防水抽查 10% |
| （7）预制构件采用机械连接或焊接方式，其连接螺栓的材质、规格、拧紧、连接件及焊缝尺寸应符合设计要求及《钢结构设计规范》GB 50017、《钢结构工程质量验收规范》GB 50205 和《钢结构焊接规范》GB 50661 的有关规定 | 按照《钢结构设计规范》GB 50017、《钢结构工程质量验收规范》GB 50205 和《钢结构焊接规范》GB 50661 的要求进行 | 全数检查 |
| （8）预制楼梯连接方式和质量应符合设计要求 | 现场观察，检查施工质量记录 | 全数检查 |
| （9）阳台板、室外空调机搁板连接方式应符合设计要求 | 现场观察，检查施工质量记录 | 全数检查 |

表 5 - 4　　梁端键槽和键槽内 U 形钢筋平直段的长度

| 项目 | 键槽长度 $l_j$（mm） | 键槽内 U 形钢筋平直段的长度 $l_u$（mm） |
|---|---|---|
| 非抗震设计 | 0. $5l_l$ + 50 与 350 的较大值 | 0. $5l_l$ 与 300 的较大值 |
| 抗震设计 | 0. $5l_{lE}$ + 50 与 400 的较大值 | 0. $5l_{lE}$ 与 350 的较大值 |

注：表 5 - 4 中 $l_l$、$l_{lE}$ 为 U 形钢筋搭接长度（mm）。

装配式混凝土结构连接一般项目：预制阳台、楼梯、室外空调机搁板安装允许偏差及检验方法应符合表 5 - 5 的规定。

表 5 - 5　预制阳台、楼梯、室外空调机搁板安装允许偏差及检验方法

| 项目 | 允许偏差（mm） | 检验方法 |
|---|---|---|
| 水平位置偏差 | 5 | 钢尺检查 |
| 标高偏差 | ±5 | |
| 搁置长度偏差 | 5 | |

# 第二节
# 资料验收

## 一、型式检验验收

工程应用套筒灌浆连接时，应由接头提供单位提交所有规格接头的有效型式检验报告，验收时应核查下列内容。

（1）工程中应用的各种钢筋强度级别、直径对应的型式检验报告应齐全，报告应合格有效。

（2）型式检验具体要求：

①型式检验报告送检单位与现场接头提供单位应一致；型式检验报告中的接头类型，灌浆套筒规格、级别、尺寸，灌浆料型号与现场使用的产品应一致。

②型式检验报告应在4年有效期内，可按灌浆套筒进厂（场）验收日期确定。

③报告内容应包括本规程附录A规定的所有内容。

（3）灌浆套筒进厂（场）时，应抽取灌浆套筒检验外观质量、标识和尺寸偏差，检验结果应符合现行行业标准《钢筋连接用灌浆套筒》JG/T 398及本规程第3.1.2条的有关规定。

①检查数量：同一批号、同一类型、同一规格的灌浆套筒，不超过1000个为一批，每批随机抽取10个灌浆套筒。

②检验方法：观察，尺量检查。

（4）灌浆料进场时，应对灌浆料拌合物30min流动度、泌水率及3d抗压强度、28d抗压强度、3h竖向膨胀率、24h与3h竖向膨胀率差值进行检验，检验结果应符合本规程第3.1.3条的有关规定：

①检查数量：同一成分、同一批号的灌浆料，不超过50t为一批，每批按现行行业标准《钢筋连接用套筒灌浆料》JG/T 408的有关规定随机抽取灌浆料制作试件。

②检验方法：检查质量证明文件和抽样检验报告。

## 二、工艺检验验收

在灌浆施工前，应对不同钢筋生产企业的进场钢筋进行接头工艺检验；施工过程中，当更换钢筋生产企业，或同生产企业生产的钢筋外形尺寸与已完成工艺检验的钢筋有较大差异时，应再次进行工艺检验，接头工艺检验应符合下列规定。

（1）灌浆套筒埋入预制构件时，工艺检验应在预制构件生产前进行；当现场灌浆施工单位与工艺检验时的灌浆单位不同，灌浆前应再次进行工艺检验。

（2）工艺检验应模拟施工条件制作接头试件，并应按接头提供单位所提供的施工操作要求进行操作。

（3）每种规格钢筋应制作3个对中套筒灌浆连接接头，并应检查灌浆质量。

（4）采用灌浆料拌合物制作的40mm×40mm×160mm试件不应少于1组。

（5）接头试件及灌浆料试件应在标准养护条件下养护28d；每个接头试件的抗拉强度、屈服强度、残余变形的平均值应符合规程的规定。

（6）灌浆料抗压强度应符合本规程第3.1.3条规定的28d强度要求。

（7）接头试件在量测残余变形后可再进行抗拉强度试验，并应按现行行业标准《钢筋机械连接技术规程》JGJ 107规定的，钢筋机械连接型式检验单向拉伸加载制度进行试验。

（8）第一次工艺检验中1个试件抗拉强度或3个试件的残余变形平均值不合格时，可再抽3个试件进行复检，复检仍不合格则判为工艺检验不合格。

（9）工艺检验应由专业检测机构进行，并应按本规程规定的格式出具检验报告。

## 三、实体验收

### （一）试验接头验收

根据《钢筋套筒灌浆连接应用技术规程》JGJ 355—2015要求的内容对施工中形成的接头应进行标准养护待试压块强度合格后或者根据标准养护的试件符合85MPa要求时抗拉接头根据《混凝土

强度检验评定标准》GB 107 的内容判定接头的抗拉值应大于钢筋的标准抗拉强度，且断开于钢筋处。

### （二）饱满度检测

饱满度检测是根据工程所在地检测条件的匹配能力，可以进行无损检测，推荐使用 X 射线影像检测；也可以在设计院有实体取样方案和加固方案的前提下，在构件上截取试件，截取过程中不能对套筒动火只能采取机械切除的办法，所有过程应在监理部门监督下进行，截取后的构件钢筋连接部分应采取搭接绑焊处理钢筋，搭接长度应经过设计确定。

### （三）自检测行为

拔出灌浆套筒的出浆孔位置逐一检查浆孔留有硬化浆体的饱满程度是否有浮浆应清楚后观察，有不满的应留下检查结果标识通知技术人员拟定技术方案，方案应根据《钢筋套筒灌浆链接应用技术规程》JGJ 355—2015 的补浆要求进行细管导入补浆指导该套筒出浆溢出，对大量处理的问题套筒应进行抽样复检直至合格为止。

### （四）出现不合格问题的处理导则

浆料试块出现不合格的处理，应检查标准养护的同一批试件标准试件合格应该分析养护条件原因延长同条件养护试件直到合格。若还不合格，应对灌浆套筒实体取样抗拉，也可以对套筒的浆料钻芯取样（目前有办法取小芯样）抗拉结果符合要求即可，若抗拉结果不符合要求，应由设计院进行力学验算，是加固处理还是无须处理应明示结果，确定结果应由专家评定认可。对于插入或预留长度不足的应组织专家论证，用工艺检测实际数据合格报告闭合；对于切割钢筋等恶劣行为给予严肃处理。

# 第六章

# 安全文明施工

装配式混凝土结构作为一种全新的建筑结构，也是一种创新性较强的施工方式。在实际作业的过程中，其所包含的预制配件要素比较多样、复杂，导致施工环境内部存在着一定的风险性。相对于传统施工，装配式建筑施工安全的要求侧重点也略有不同。从工程实践来看，较多的安全问题主要存在于施工准备、施工吊运、安装、高处作业等阶段，作为灌浆施工的安全将结合规范条文，从预制构件吊装固定、构件灌浆操作等方面对施工安全控制要点进行梳理。

## 第一节

## 基本要求

装配式混凝土建筑施工应执行国家、地方、行业和企业的安全生产法规和规章制度，落实各级各类人员的安全生产责任制。

参建装配式混凝土建筑工程的各单位应建立和健全安全生产责任体系，明确各职能部门、管理人员安全生产责任，建立相应的安全生产管理制度。

施工单位应成立项目安全生产领导小组，建立项目安全管理网络，配备专职安全生产管理人员。

建设单位应组织设计、施工、预制构件生产、监理等项目参建单位对涉及施工安全的关键点进行从构件预制生产到预制构件的预拼装、现场安装的检查复核，以便及时改进。

设计单位在主体结构设计时，宜考虑结构安装阶段安全防护的需要，并应考虑构件生产、吊装等环节，对吊点、施工设施、设备附着点、拉结点等因素进行深化设计，且依据设计文件和现场实际情况进行现场指导、交底。

施工单位应考虑装配式混凝土建筑的施工特点、安全防护和环境保护的要求，并结合设计图纸和现场施工条件，编制装配式混凝土建筑专项施工方案，按照安全生产相关规定制定和落实项目施工安全技术措施，并制定相应的培训教育、专项施工方案的交底和安全技术（班组）交底、检查及验收、应急救援预案等管理规定。

施工单位应对从事预制构件吊装作业及相关人员进行安全培训与交底，识别预制构件进场、卸车、存放、吊装、就位等各环节的风险源，并制定防控方案。

预制构件生产单位应提供预制构件吊点、施工设施设备附着点的专项隐蔽验收记录；确保预制构件的吊点、施工设施设备附着点、临时支撑点的成品保护；在预制构件吊点、施工设施设备附着点、临时支撑部位做好相应的标识。

安装施工前，应按现行行业标准《建筑机械使用安全技术规程》JGJ 33、《建筑施工起重吊装工程安全技术规范》JGJ 276、《塔式起重机安全规程》GB 5144、《建筑施工塔式起重机安装、使用、拆卸安全技术规程》JGJ 196 和《建设工程施工现场供用电安全规范》GB 50194 等的有关规定，检查和复核吊装设备处于安全操作状态，并核实现场环境、天气、道路状况等满足吊装施工要求。

安装施工前，施工操作人员应经过培训，应具备各自岗位需要的基础知识和技能水平。特种作业人员必须经过专门的安全培训，经考核合格，持特种作业操作资格证书上岗。

对于起重吊装、高大模板体系，其设计、施工应符合危险性较大分部分项工程的相关规定。

为加强装配式混凝土建筑施工全过程的安全管理，宜应用 BIM 信息化技术、物联网技术等手段。

## 第二节 灌浆操作的安全要求

### 一、人员安全要求

佩戴防尘口罩、绝缘手套、安全帽、绝缘鞋、护目镜、反光背心、安全帽、外墙作业需要系安全带。

### 二、设备安全要求

灌浆机：安全的三项可移动电源，灌浆机需要接地。

灌浆软管的安全系数最大工作压力为 6.3MPa，最小爆破压力为 28MPa，最小弯曲半径为 500mm，最内径为 31.4～39.3mm。

枪口和泵口接口处的卡环装置可靠。

搅拌枪：不可使用普通转枪换搅拌叶搅拌，因为浆料在没有拌开前混合状态粘度特别大容易脱，所以必须是使用专用枪。

## 三、操作安全

（1）检查电源的安全性；

（2）保持作业地面干燥；

（3）污水、废水、排出水应及时收集不能外泄以防走电；

（4）泵管、灌浆机及时清理，使用前用水通透、接口拆开检查异物；

（5）灌浆机不能空转，也不能反转，通过材料最大粒径为1.25mm；

（6）发现堵枪时，不能继续加压打料，必须及时泄压拆接口通管检查；

（7）润泵材料不能用废机油，机油对挤压的压力系统有腐蚀性，可以用水泥浆不含砂的材料润泵；

（8）作业完成清理管道拆卸后挂放，机械用水冲洗干净后用热吹风机吹干即可。

# 第七章
# 案例

## 第一节
## 工程概况

### 一、工程基本情况

工程基本情况见表7－1。

表7－1　工程基本情况表

| 工程名称 | ××× | 工程地点 | ××× |
|---|---|---|---|
| 周边环境 | 工地四周正修建及拟修建市政道路 | | |
| 建筑面积（$m^2$） | 约28.7万 | 建筑高度（m） | 148 |
| 基础形式 | 灌注桩及筏板基础 | 主体结构 | 框剪 |
| 抗震等级 | 3 | 抗震设防烈度 | 6 |
| 地上层数（层） | 48 | 地下层数（层） | 2 |

## 二、各责任主体名称

各责任主体情况见表7－2。

**表7－2　各责任主体情况表**

| 建设单位 | ××× | 设计单位 | ××× |
|---|---|---|---|
| 施工单位 | ×××建设集团有限公司 | 监理单位 | ×××监理有限公司 |

## 三、建筑概括表

建筑概括见表7－3。

**表7－3　建筑概括表**

<table>
<tr><th>工程编号</th><th>结构形式</th><th>层　数（层）</th><th>层　高（m）</th><th>檐高（m）</th><th>占地面积（$m^2$）</th><th>建筑面积（$m^2$）</th><th>备　注</th></tr>
<tr><td>1#</td><td>框剪</td><td>地下：2<br>地上：23</td><td rowspan="2">地下二层：3.7<br>地下一层：4.35<br>地上一层：4.55<br>其他：2.9</td><td>74.10</td><td>1197.55</td><td>10861.14</td><td rowspan="4">副楼二层商铺</td></tr>
<tr><td>2#</td><td>框剪</td><td>地下：2<br>地上：33</td><td>103.10</td><td>870.27</td><td>12479.77</td></tr>
<tr><td>3#</td><td>框剪</td><td>地下：2<br>地上：45</td><td rowspan="2">地下二层：3.6<br>地下一层：4.35<br>地上一层：4.55<br>其他：2.9</td><td>138.40</td><td>1066.26</td><td>20241.84</td></tr>
<tr><td>4#</td><td>框剪</td><td>地下：2<br>地上：34</td><td>105.30</td><td>1114.98</td><td>14712.29</td></tr>
<tr><td>5#</td><td>框剪</td><td>地下：2<br>地上：33</td><td>地下二层：3.7<br>地下一层：4.35<br>地上一层：3.65<br>其他：2.9</td><td>102.40</td><td>508.13</td><td>15611.95</td><td></td></tr>
</table>

续表

| 工程编号 | 结构形式 | 层　数（层） | 层　高（m） | 檐高（m） | 占地面积（$m^2$） | 建筑面积（$m^2$） | 备　注 |
|---|---|---|---|---|---|---|---|
| 6# | 框剪 | 地下：2<br>地上：48 | 地下二层：3.6<br>地下一层：4.35<br>地上一层：3.65<br>其他：2.9 | 146.40 | 542.89 | 24297.54 | |
| 7# | 框剪 | 地下：2<br>地上：48 | | 146.40 | 542.89 | 24297.54 | |
| 8# | 框剪 | 地下：2<br>地上：34 | | 105.30 | 1114.98 | 14712.29 | |
| 9# | 框剪 | 地下：2<br>地上：48 | | 146.40 | 870.30 | 38210.32 | |
| 10# | 框剪 | 地下：2<br>地上：48 | | 146.40 | 870.30 | 38210.32 | |
| 开闭所 | | | | 14.30 | 961.88 | 2930.04 | |
| 垃圾收集站 | | | | 6.35 | 131.10 | 131.10 | |
| 地下室 | | | | 5.50 | 30.44 | 30.44 | |
| 合计 | | | | | 285632.3 | | |

## 第二节

# 装配式工业化概况

本工程1#、2#、4#、8#楼建筑设计主要采用目前国家推广的装配整体式混凝土剪力墙结构体系，钢筋连接方式为钢筋套筒灌浆连接体系。

该项目装配式工业化技术概况见表7-4。

表7-4 装配式项目工业化技术概况

| 序号 | 项目 | 详情 |
| --- | --- | --- |
| 1 | 结构形式 | 装配整体式混凝土剪力墙结构 |
| 2 | 钢筋连接体系 | 钢筋套筒灌浆连接 |
| 3 | 构件种类 | 叠合板、楼梯板、空调板、外墙板、内隔墙 |
| 4 | 墙板技术 | 剪力墙、内隔墙 |
| 5 | 应用楼层 | 二层及以上楼板，四层及以上剪力墙 |

该项目构件拆分情况见表7-5。

表7-5 装配式项目构件拆分情况

| 序号 | 类别 | 功能 | 详情 | 配件名称 |
| --- | --- | --- | --- | --- |
| 1 | 预制竖向构件 | 外墙板 | 剪力墙 | 半灌浆套筒 |
| 2 | | 内隔墙 | 隔墙 | 半灌浆套筒 |
| 3 | 预制水平构件 | 叠合板 | 预制钢筋桁架叠合板 | — |
| 4 | | 楼梯板 | 预制钢筋桁架叠合板 | — |
| 5 | | 空调板 | 预制钢筋桁架叠合板 | — |

# 第三节 工程特点

## 一、主要特点

现场结构施工采用预制装配式方法，预制剪力墙、内隔墙、叠合板、阳台、楼梯的成品构件。

预制装配式构件的产业化。所有预制构件全部采用在工厂流水加工制作，制作的产品直接用于现场装配。

在设计过程中，运用 BIM 技术模拟构件拼装，减少安装时的冲突。外墙 PC 结构采用钢筋套筒高强灌浆施工的新技术施工工艺，将 PC 结构与现浇结构进行有效连接，增加 PC 结构施工使用率，提高 PC 结构施工效率。

楼梯、阳台栏杆均在 PC 构件设计时考虑点位，设置预埋件，后续直接安装。

按照 PC 结构施工特点，采用钢管脚手架施工。

## 二、工程新技术特点

PC 项目新技术点与内容是：产业化程度高、资源节约与绿色环保；构件工厂预制和制作精度控制；构件的深化加工设计图与现场的可操作性的相符性；施工垂直吊运机械选用与构件的尺寸组合；装配构件的临时固定连接方法；校正方法及应用工具；装配误差控制；预制构件连接控制与节点防水措施；施工工序控制与施工技术流程；专业多工种施工劳动力组织与熟练人员培训；装配式结构非常规安全技术措施及其产品的保护，高强灌浆新技术的施工应用，为新技术的推广做出了贡献。

## 三、施工难点与特点

（1）构件深化加工设计图与现场可操作性必须具有相符性；

（2）施工垂直吊运机械选用与构件尺寸必须具备安全合理性；

（3）预制构件起吊采用的吊具与预制构件临时存放的方法；

（4）预制构件预埋件预埋的方法及预埋时与结构节点的处理；

（5）关于预埋件的预埋方法难度较大；

（6）装配误差控制要求高。

# 第四节
# 灌浆设计概况

## 一、套筒灌浆连接

本工程预制剪力墙墙板纵向钢筋连接采用套筒灌浆连接技术。套筒连接区域及上层预制剪力墙与下层现浇圈梁或水平现浇带之间的接缝区域灌浆料均采用强度不低于85MPa的套筒灌浆料，套筒灌浆料产品应符合现行行业标准《钢筋连接用套筒灌浆料》（JG/T 408—2013）的规定。灌浆部位主要布置在预制外墙与楼面竖向钢筋部位，采用机械灌浆方式进行灌浆施工。

## 二、坐浆材料

预制墙板水平接缝的接缝高度不应大于20mm，接缝材料其立方体抗压强度应高于预制剪力墙混凝土立方体抗压强度10MPa或以上，且不应低于40MPa，并应满足安装施工要求，接缝材料进入预制墙板的宽度不应大于10mm。预制楼梯与主体结构的找平层采用干硬性砂浆，其强度等级不低于M15。

# 第五节
## 编制依据

具体编制依据如下所述：

（1）《装配式混凝土结构技术规程》（JGJ 1—2014）

（2）《装配整体式混凝土结构设计规程》（DB37/T 5018—2014）

（3）《装配整体式混凝土结构工程施工与质量验收规程》（DB37/T 5019—2014）

（4）《装配整体式混凝土结构工程预制构件制作与验收规程》（DB37/T 5020—2014）

（5）《钢筋机械连接技术规程》（JGJ 107—2016）

（6）《钢筋连接用灌浆套筒》（JG/T 398—2012）

（7）《钢筋连接用套筒灌浆料》（JG/T 408—2013）

（8）《装配式建筑评价标准》（GB/T 51129—2017）

（9）《钢筋套筒灌浆连接应用技术规程》（JGJ 355—2015）

（10）《装配式混凝土建筑技术标准》（GB/T 51231—2016）

（11）《建筑砂浆基本性能试验方法标准》（JGJ/T 70—2009）

（12）《封仓坐浆料》（Q/WHCJS 005—2018）

（13）《钢筋套筒灌浆连接施工技术规程》（T/CCIAT 004—2019）

（14）《装配式混凝土建筑施工规程》（T/CCIAT 0001—2019）

（15）《混凝土结构工程施工规范》（GB 50666—2011）

（16）《混凝土结构工程施工质量验收规范》（GB 50204—2015）

（17）《建筑施工起重吊装工程安全技术规范》（JGJ 276—2012）

（18）《建筑结构荷载规范》（GB 50009—2012）

（19）《装配式混凝土连接节点构造》（15G310—1～2）

（20）《平面整体表示方法制图规则和构造详图》（16G101—1）

（21）《混凝土用水标准》（JGJ 63—2006）

（22）《装配式混凝土剪力墙结构住宅施工工艺图解》（16G906）

# 第六节
# 灌浆施工

## 一、物资设备

套筒灌浆料（北京建茂）；封仓坐浆料（与套筒配套）；电子秤：精度1g；手持电动搅拌器（或其他类型搅拌机）；机械注浆机；手持式注浆器；拌合水：符合JGJ 63《混凝土用水标准》；截锥圆模、卷尺、钢化玻璃板（500mm×500mm×5mm）、三联胶砂试模；回浆管：L形透明硬质圆管，长端长度不宜小于150mm；储料容器、储水容器、搅拌容器、导管、胶塞、快速堵漏材料等。

## 二、人员配备

工人：2~3名，主要负责装料、搅拌、运输、灌浆、封堵等；

技术人员：1名，主要负责现场技术指导监督、灌浆秩序维护、巡查、现场取样检测和数据记录等。

## 三、准备工作

在灌浆施工前，应做如下准备工作。

（1）套筒灌浆料主要用于连接固定预制混凝土构件，砂浆质量的好坏直接关系到PC构件连接的稳定性及建筑安全。因此，灌浆料需选择自流性好、无收缩、早期强度高且后期不倒缩的质量合格的产品，并且必须经过建设单位、监理单位和施工项目部检查，材料经实验室试验来确定。

（2）装配式混凝土建筑首次灌浆施工前，宜选择有代表性的单元、部位或单独的样板间工程进行预制构件的试制作、试安装、试灌浆，以验证施工方案、施工措施的可行性，并应根据施工情况及时调整吊装施工工艺、灌浆施工相关工序及完善施工方案。

（3）预制构件进场时，需检查灌浆套筒内部、灌浆孔及出浆孔是否有堵塞的情况，如有堵塞需进行疏通并做好记录。

（4）预制构件吊装就位前，技术人员需再次检查确认钢筋预留长度、钢筋垂直度、安装标高等技术指标，预制构件与楼板之间的间隙必须达到设计要求；外露连接钢筋的表面不应粘连混凝土、砂浆，不应发生锈蚀；如有锈蚀应采取措施予以清除。

（5）对于沿墙长方向超过1.5m的墙体，应合理划分连通灌浆区域，进行分仓处理；连通灌浆区域内任意两个灌浆套筒间距离不宜超过1.5m；可使用封仓坐浆料在指定地点铺设立高为30mm、宽为20mm的坐浆带；对于分仓施工，须严格执行设计图纸要求，并确保分仓施工后无漏浆问题。

（6）竖向预制构件不采用连通腔灌浆方式时，为保证每个灌浆套筒独立可靠灌浆，构件就位前应设置坐浆层，坐浆材料的强度应满足设计要求。

（7）预制构件吊装就位后，技术人员再次检查各注浆孔、出浆孔，对插入端钢筋阻塞注浆口（或出浆口）的位置做好标识，注浆时应尽量避免使用该通道作为注浆口。

（8）采用连通腔灌浆方式时，灌浆施工前应对各连通灌浆区域进行封堵，且封堵材料不应减少结合面的设计面积，为避免注浆过程中坐浆崩漏，建议封堵材料的抗压强度不得低于30MPa

(28d 抗压强度不得低于设计要求)，需特别注意现浇部分连接处等不易施工操作处的封堵。

(9) 坐浆封堵前，应清除拼缝间的杂物、粉尘、油污等不利于粘结的污垢，并确保灌注时连通腔内无明水。

(10) 大风天气或高温环境时，应及时对坐浆材料进行洒水养护，避免收缩开裂；冬季施工时，需注意对坐浆封堵材料及时进行保温养护，负温条件养护时不得浇水，当强度达到设计要求时，方可进行注浆施工。

(11) 检查手持电动搅拌器、JS 套筒灌浆专用灌浆机的功能是否正常。

(12) 按照单日施工所需材料的用量，将套筒灌浆料、封仓坐浆料、拌合水搬运至施工作业面。

(13) 将每个出浆孔与一个回浆管的短端管口可靠连接，并确保回浆管的长端管口竖直向上。

## (一) 封仓坐浆施工工艺

封仓坐浆施工应安排在灌浆施工前，待封仓坐浆料具有一定强度后方可进行灌浆施工。封仓坐浆施工示意见图 7 - 1。

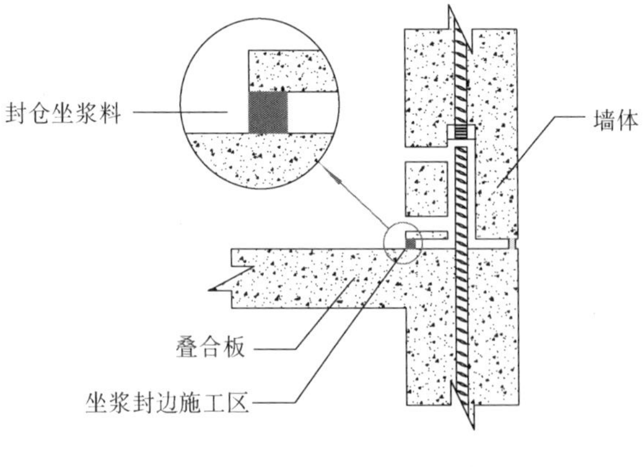


**图 7 - 1　封仓坐浆施工示意**

## （二）施工步骤

具体施工步骤如下所述。

（1）夹芯式外墙部位建议填充橡胶条（截面为 30mm × 30mm），橡胶条和 PC 板填充密实。

（2）保证 PC 构件连接缝隙高度为 20mm，小于 20mm 的应打磨出足够的高度；对于平面坐浆工艺，多层预制剪力墙底部采用坐浆材料时，其厚度不宜大于 20mm。

（3）接缝区域应做好清理工作，确保基材表面清洁，并提前进行润湿处理，但不应有明水。

（4）将封仓坐浆料与推荐用水量（水料比为 0.15）的拌合水搅拌均匀，在内衬条（钢条、PVC 管等）的辅助下，用抹刀均匀抹在施工部位，形成如图 7－1 所示的封边截面（具体封仓坐浆工艺以实际工程需要为准），一般控制深度不宜超过 10mm。

（5）封仓坐浆料终凝后洒水进行润湿养护，温度低于 5℃时需采取保温养护措施，遇到大风天气，需进行覆盖保护；负温条件养护时不得浇水。

（6）使用完后应及时对施工设备进行清洗。

## （三）封仓坐浆料抗压强度试验

预制构件底部接缝坐浆强度应满足设计要求。按批检验，以每层为一检验批；每一个工作班同一配合比应制作一组且每层不应少于三组边长为 70.7mm 的立方体试件，标准养护 28d 后进行抗压强度试验。

1. 试验设备要求

（1）试模：尺寸为 70.7mm × 70.7mm × 70.7mm 的带底试模，应具有足够的刚度并拆装方便（见图 7－2）。

**图7-2 70.7mm立方试模示意**

（2）钢制捣棒：直径为10mm，长度为350mm，端部应磨圆。

（3）振动台：空载中台面的垂直振幅应为（0.5±0.05）mm，空载频率应为（50±3）Hz，空载台面振幅均匀度不大于10%，一次试验至少能固定（或用磁力吸盘）3个试模。

2. 成型步骤

（1）采用立方体试件，每组试件3个。

（2）试模内涂刷薄层脱模剂，将拌制好的砂浆一次性装满砂浆试模，成型方法根据稠度而定。当稠度大于等于50mm时，采用人工振捣成型，当稠度小于50mm时采用振动台振实成型。

（3）人工振捣：用捣棒均匀地由边缘向中心按螺旋方式插捣25次，插捣过程中如砂浆沉落低于试模口，应随时添加砂浆，可用油灰刀插捣数次，并用手将试模一边抬高5～10mm各振动5次，使砂浆高出试模顶面6～8mm。

（4）机械振动：将砂浆一次装满试模，放置到振动台上，振动时试模不得跳动，振动5～10秒或持续到表面出浆为止；不得过振。

（5）待表面水分稍干后，将高出试模部分的砂浆沿试模顶面刮去并抹平。

（6）试件制作后应在室温为（20±5）℃的环境下静置（24±2）h，当气温较低时，可适当延长时间，但不应超过两昼夜，然后对试件进行编号、拆模。

（7）试件拆模后应立即放入温度为（20±2）℃，相对湿度应

90%以上的标准养护室中养护；养护期间，试件彼此间隔不小于10mm。

（8）如有特定产品标准，坐浆砂浆成型检测试验也可参照厂家提供产品标准施行。

## 四、注意事项

注意事项如下所述：

（1）采用灌浆套筒连接、浆锚搭接连接的夹芯保温外墙板应在保温材料部位采用弹性密封材料（建议使用橡胶条）进行封堵。

（2）采用灌浆套筒连接、浆锚搭接连接的墙板需要分仓灌浆时，应采用封仓坐浆料进行分仓。

（3）多层剪力墙采用坐浆时应均匀铺设坐浆料；坐浆料强度应满足设计要求。

（4）基面必须坚实，无粉尘和其他杂物。

（5）施工前，对基面进行润湿处理，但不应有明水。

（6）施工应连续进行，并尽可能缩短抹浆时间。

（7）使用完后应及时对搅拌设备进行清洗。

（8）坐浆封边材料不应减小结合面的设计面积。

（9）冬期施工时，应密切关注坐浆料强度，确保符合灌浆要求。

# 第七节 浆料搅拌

称取施工所需的套筒灌浆干粉料，并按砂浆与拌合水比例

(1:0.13)称取规定拌合用水（实际用水量应根据现场温度、湿度环境进行适当调整，以满足流动性要求且无泌水分层为宜，用水量不宜超过 0.14），浆体流动度不宜过大，流动度以 320 ~ 340mm 为宜。

搅拌时间不应小于 5min，以浆体搅拌均匀无结块为准。为保证浆体获得较好的工作性能，建议先加指定用量的拌合水，再加入 70% ~80% 的干粉料，高速搅拌 30s 后，在搅拌的状态下缓慢投入剩余粉料，待粉料完全投入后，高速搅拌 2 ~ 3min（单次搅拌量较多时，可适当延长搅拌时间），静置 1 ~ 2min，其间可以用刮刀将桶壁上未搅拌开的浆料刮入桶中，再慢速搅拌 1min，停机静置 2 ~ 3min，待表面气泡消失后（若无变速搅拌机，可在搅拌结束后，用木棍等工具轻搅浆料，用以将气泡引出），即可进行灌注施工。

搅拌过程需要有专人负责计时，并将加水量、加水时间、搅拌时长、流动度做详细记录。

留测砂浆强度试件应在施工现场制作，每工作班取样不得少于 1 次，每楼层取样不得少于 3 次，标准养护 28d 后进行抗压强度试验。

图 7－3　拌合水称量示意

图 7－4　套筒灌浆料搅拌示意

图7－5　灌浆料注浆示意

# 第八节
# 注浆施工

对竖向钢筋套筒灌浆连接，灌浆作业应采用压浆法从灌浆套筒下注浆口注入，当灌浆料浆体从构件其他灌浆孔、出浆孔流出后应及时封堵。采用连通腔灌浆时，宜采用一点灌浆的方式。当一点灌浆遇到问题而需要改变灌浆点时，各灌浆套筒已封堵的灌浆孔、出浆孔应重新打开，待灌浆料浆体再次流出后进行封堵。

对水平钢筋套筒灌浆连接，灌浆作业应采用压浆法从灌浆套筒灌浆孔注入，当灌浆套筒灌浆孔、出浆孔的连接管或连接头处的灌浆料浆体均高于灌浆套筒外表面最高点时停止灌浆，并及时封堵灌浆孔、出浆孔。

开启注浆机后，应先将注浆枪头对空，用浆体将注浆管内部的水和残渣挤出，待注浆枪头流出的灌浆料与灌浆机料斗中浆体流动度一致时，方可进行注浆施工。

注浆速度控制：在注浆过程中，应保持连续匀速缓慢注浆，尽量避免引入气囊或气泡夹层，注浆过程必须保证连贯性，非意外情况，不得中途停机，注浆时应密切留意注浆料斗中的浆体存量，严禁设备空载运行。

出浆封堵：当浆体以整股状（圆柱状）从出浆口流出时，可进行出浆封堵，建议采用可重复利用且尺寸适宜的橡胶塞封堵，为保证注浆饱满度，可将橡胶塞抵住出浆口下部，待上部空气排空后再完全封堵并用橡胶锤击打塞紧。

漏浆检查：在注浆过程中，应密切注意四周是否有漏浆情况，特别是现浇部分连接处以及外墙外侧部位，如果出现漏浆，应暂停灌浆作业并及时采用快速封堵材料进行封堵。

灌浆施工结束后 30 ~ 60min，应检查灌浆密实饱满程度，如有空洞，应查明原因并及时补浆。

# 第九节 补浆工艺

遇有补浆操作施工，应先行查明漏浆原因，并将漏浆部位进行有效封堵。补浆工艺应按如下规定进行。

## 一、补浆的时机

当灌浆施工出现无法出浆的情况时，应查明原因并采取的施工措施应符合下列规定。

（1）对于未充填饱满的竖向连接部位，当在灌浆料加水拌合 30min 内时，应首选在注浆口补浆；当灌浆料拌合物已无法流动时，可以从出浆口补灌，并应采用手动设备结合细管压力灌浆。

（2）水平钢筋连接灌浆施工停止后30s，当发现灌浆料浆体液面下降时，应检查灌浆套筒的密封或灌浆料拌合物的排气情况并及时补灌。

## 二、补浆施工

（1）未硬化浆体：从注浆口采用机械注浆机进行补浆，同时需将已封堵橡胶塞全部取下，重新按注浆封堵流程操作。

（2）已硬化浆体：建议采用带橡胶细管接头的手动活塞式注浆器进行补浆，将细管沿出浆口插入套筒内部，缓慢匀速推动活塞注浆器，使浆体均匀密实填充内部空腔体，待出浆口出浆时，继续推动活塞注浆并将细管缓慢拔出，同时迅速塞紧橡胶塞。

（3）补浆检查：补灌应在灌浆料拌合物达到设计规定的位置后停止，并应在灌浆料凝固后再次检查其位置是否符合设计要求。

# 第十节 后期维护

灌浆料在同条件养护试件抗压强度达到35MPa后，方可对接头有扰动的进行后续施工；临时固定装置的拆除应在灌浆料抗压强度能确保结构达到后续施工承载要求后进行。

# 第十一节 试件取样

## 一、频次

在灌浆施工中，每个工作班应检查灌浆料拌合物初始流动度不少于一次；用于检验抗压强度的灌浆料试件应在施工现场制作，每工作班取样不得少于一次，每楼层取样不得少于三次。

## 二、成型

取样采用40mm×40mm×160mm胶砂三联试模（见图7－6）。取样前应将胶砂三联试模放在平整的地面上，该试模内部均匀涂刷有脱模剂，将套筒灌浆料拌合物缓慢均匀地倒入试模，与试模上口齐平，严禁振捣。

图7－6　胶砂三联试模示意

### 三、养护

对已成型的试模进行覆盖，避免风吹、太阳暴晒或雨雪侵害，待终凝后（6～8h）对表面进行适当洒水养护，1d以后脱模，脱模过程中注意轻拿轻放，严禁摔打敲击试块，脱模后放入室内养护水中进行标准浸水养护水温（20±1）℃至28d后进行抗压强度试验。

## 第十二节
## 注意事项

（1）套筒灌浆料以水泥为基本材料，对温度、湿度均具有一定敏感性，因此在储存过程中应注意干燥、通风并采取防雨、防潮、防晒措施，防止其性能发生改变，施工现场灌浆料宜储存在室内。

（2）拌合用水应符合现行行业标准；灌浆料加水量应按灌浆料使用说明书的要求确定，并应按重量计量。

（3）灌浆料宜在加水后30min内用完。

（4）散落的灌浆料拌合物不得二次使用；灌浆后剩余的拌合物不得再次添加灌浆料、水后混合使用；搅拌完成后，不得再次加水；超过规定时间后的灌浆料及使用剩余的灌浆料只能丢弃。

（5）套筒灌浆料灌浆后24h内不得扰动灌浆部位。

（6）若使用常规套筒灌浆料灌浆施工时，宜在5～30℃的环境下进行，当施工环境温度低于5℃时，必须采取加热和防冻措施，如对拌合水及物料提前进行预热，控制浆体入模温度不低于10℃，灌浆料灌注后及时进行保温养护；环境温度低于0℃时，不得施工；当连接部位养护温度低于10℃时，应采取加热保温措施；当施工环境温度高于30℃时，浆体的流动度损失较快，因此需要采取降温措施，在搅拌时，搭置遮阳棚，避免搅拌机及其他搅拌设备以及砂浆温度过高，必要时，将灌浆施工工作安排在夜间进行，或使用冰水作为拌合水并尽量加快浆体灌注工作速度。

（7）为充分确保灌浆充盈度，建议在各出浆孔冒浆后将出浆孔用胶塞进行封堵，并稳压一段时间。

（8）为保证灌浆工艺顺利，应严格控制灌浆料加水量，灌注过程应适当控制灌注速度，不宜灌注过快以免产生空洞。

（9）注浆机严禁空荷运转，施工完成后，应及时清洗设备及管道，并排除水分。

（10）注浆过程中，为保证连通腔内无空气气囊，可用钢钉于每个连通腔下部墙板连接间隙处钻孔，将气体导出，待冒浆后塞回钢钉封堵洞口。

# 参考文献


［1］中华人民共和国住房和城乡建设部．中华人民共和国国家质量监督检验检疫总局．装配式混凝土建筑技术标准：GB/T 51231—2016［S］．北京：中国建筑工业出版社，2017.

［2］中华人民共和国住房和城乡建设部．中华人民共和国国家质量监督检验检疫总局．混凝土结构工程施工规范：GB 50666—2011［S］．北京：中国建筑工业出版社，2012.

［3］中华人民共和国住房和城乡建设部．装配式混凝土结构技术规程：JGJ 1—2014［S］．北京：中国建筑工业出版社，2014.

［4］叶浩文主编．装配式混凝土建筑施工技术［M］．北京：中国建筑工业出版社，2017.

［5］王召新．混凝土装配式住宅施工技术研究［D］．北京：北京工业大学，2012.

［6］中国建筑业协会．装配式混凝土建筑施工指南［M］．北京：中国建筑工业出版社，2019.

［7］中华人民共和国住房和城乡建设部．中华人民共和国国家质量监督检验检疫总局．混凝土结构工程施工质量验收规范：GB50204—2015［S］．北京：中国建筑工业出版社，2014.

［8］江苏省住房和城乡建设厅．江苏省装配式结构工程施工质量验收规程：DGJ32—J184—2016［S］．江苏：江苏凤凰科学技术出版社，2016.

［9］水泥基灌浆料应用技术规范：GB/T 50448—2015［S］．

北京：中国建筑工业出版社，2015.

［10］中建科技有限公司．中建装配式建筑设计研究院有限公司．中国建筑发展有限公司．装配式混凝土建筑施工技术［M］．北京：中国建筑工业出版社，2017.

［11］中国建设教育协会．远大住宅工业集团股份有限公司．预制装配式建筑施工要点集［M］．北京：中国建筑工业出版社，2018.

［12］中国建筑标准设计研究院．装配式混凝土剪力墙结构住宅施工工艺图解：16G906［S］．北京：中国建筑标准设计研究院出版社，2016.

［13］中国建筑标准设计研究院．装配式混凝土连接节点构造（剪力墙）：15G310—2［S］．北京：中国建筑标准设计研究院出版社，2015.

［14］江苏《装配式混凝土结构现场连接施工与质量验收规程：征求意见稿．

［15］中国建筑标准设计研究院．建筑工业化系列标准应用实施指南（装配式混凝土结构建筑）［M］．北京：中国计划出版社，2016.

［16］江苏省工程建设标准．装配整体式混凝土剪力墙结构技术规程：DGJ32/TJ 125—2016［S］．江苏：江苏凤凰科学技术出版社，2019.

［17］江苏省工程建设标准．预制预应力混凝土装配整体式结构技术规程：DGJ32/TJ199—2016［S］．江苏：江苏凤凰科学技术出版社，2016.

［18］江苏省工程建设标准．装配整体式混凝土框架结构技术规程：DGJ32/TJ 219—2017［S］．江苏：江苏凤凰科学技术出版社，2017.

［19］中华人民共和国行业标准．预制预应力混凝土装配整体式框架结构技术规程：JGJ 224—2010［S］．北京：中国建筑工业

出版社，2010.

［20］上海市工程建设规范．预制混凝土夹心保温外墙板应用技术标准：DG/TJ08—2158—2017［S］．上海：同济大学出版社，2018.

［21］汪杰，等著．装配式混凝土建筑设计与应用［M］．江苏：东南大学出版社，2018. 5.

［22］徐其功主编．装配式混凝土结构设计［M］．北京：中国建筑工业出版社，2017. 11.

［23］中国建筑科学研究院．建筑产业现代化混凝土结构技术指南［M］．北京：中国建筑科学研究院，2014.

［24］住房和城乡建设部住宅产业化促进中心编著．大力推广装配式建筑必读——技术·标准·成本与效益［M］．北京：中国建筑工业出版社，2016. 5.

［25］中国建筑标准设计研究院主编．装配式建筑系列标准应用实施指南．装配式混凝土结构建筑［M］．北京：中国计划出版社，2016. 4.

［26］北京构力科技有限公司．上海中森建筑与工程设计顾问有限公司．装配式剪力墙结构设计方法及实例应用［M］．北京：中国建筑工业出版社，2018. 4.

［27］中华人民共和国住房和城乡建设部．中华人民共和国国家质量监督检验检疫总局．混凝土结构设计规范：GB50010—2010［S］．北京：中国建筑工业出版社，2010.

［28］中华人民共和国住房和城乡建设部．中华人民共和国国家质量监督检验检疫总局．热处理带肋高强钢筋混凝土结构技术规程：DGJ32/TJ202—2016［S］．江苏凤凰科学技术出版社，2016.

［29］郭学明．装配式混凝土结构建筑的设计、制作与施工［M］．北京：机械工业出版社，2017.

［30］中华人民共和国住房和城乡建设部．钢结构设计标准：GB50017—2017［S］．北京：中国建筑工业出版社，2018.

［31］中华人民共和国住房和城乡建设部．低合金高强度结构钢：GB/T1591—2018［S］．北京：中国质检出版社，2018.

［32］中华人民共和国住房和城乡建设部．钢筋连接用灌浆套筒：JG/T398—2012［S］．北京：中国标准出版社，2012.

［33］中华人民共和国住房和城乡建设部．钢筋套筒灌浆连接应用技术规程：JG/T355—2015［S］．北京：中国建筑工业出版社，2015.

［34］中华人民共和国住房和城乡建设部．钢筋连接用套筒灌浆料：JG/T408—2013［S］．北京：中国标准出版社，2013.

［35］企业资料：利物宝全灌浆套筒技术参数［Z］．2015.

［36］吴涛，刘全威，张磊，等．预制混凝土构件钢筋约束浆锚连接技术发展展望［J］．陕西：西安建筑科技大学学报，2015，6.

［37］中华人民共和国住房和城乡建设部．预应力混凝土用金属波纹管：JG 225—2007［S］．北京：中国标准出版社，2007.

［38］中华人民共和国住房和城乡建设部．钢筋机械连接用套筒：JG/T 163—2013［S］．北京：中国标准出版社，2013.

［39］中华人民共和国住房和城乡建设部．钢筋机械连接技术规程：JGJ107—2016［S］．北京：中国建筑工业出版社，2016.

［40］中华人民共和国住房和城乡建设部．预制保温墙体用纤维增强塑料连接件：JG/T561—2019［S］．北京：中国建筑工业出版社，2019.

［41］邵康节，李智斌，张卓群，等．预制装配式混凝土结构预埋吊装技术研究［J］．四川水泥，2019，3.

# 题库

## 初级工试题

### 一、单选题

1. 关于坐浆料的拌制，以下表述不正确的是（　）。

A. 称量砂子、石子、水泥　　B. 称量拌和用水

C. 按照配比要求投料搅拌　　D. 进行流动度检测

2. 对于竖向构件底部坐浆、套筒内逐个灌浆的施工工艺，常用的灌浆工具为（　）。

A. 胶枪　　B. 注射器

C. 漏斗　　D. 打气筒

3. 装配式套筒预埋连接用钢筋的要求（　）。

A. 光圆钢筋

B. 热轧带肋钢筋

C. 预应力钢丝

D. 热轧带肋钢筋直径范围 12 ~ 40mm

4. 拌制灌浆料时，需要用到以下（　）工具。

A. 坐浆料搅拌机　　B. 灌浆料搅拌机

C. 手推车　　D. 水运输车

5. 灌浆料拌合物留置抗压试块的尺寸为（　）。

A. 150mm × 150mm × 150mm　　B. 150mm × 150mm × 300mm

C. 70. 7mm × 70. 7mm × 70. 7mm　　D. 40mm × 40mm × 160mm

6. 灌浆料宜在加水后（　）min 内用完。

A. 20　　B. 25

C. 30　　D. 45

7. 散落的灌浆料拌合物不得二次使用；剩余的拌合物（　）再次添加灌浆料、水后混合使用。

A. 不宜　　B. 可以

C. 不得　　D. 必须

8. 结合钢筋套筒灌浆连接的施工工艺，其灌浆方法主要分为（　）和手动逐个灌浆。

A. 机械连续灌浆　　B. 机械逐个灌浆

C. 手动连续灌浆　　D. 机械灌浆

9. 拌合用水采用清水并符合《混凝土用水标准》JGJ 63 的有关规定；加水量应按灌浆料的使用说明书的要求确定，并按重量计量灌浆料拌合物，应采用电动设备搅拌充分、均匀，并宜静置（　）min 将气泡排除后使用。

A. 1　　B. 2

C. 3　　D. 4

10. 钢筋连接用灌浆料搅拌完成后，不得再次加水。每工作班应检查灌浆料拌合物初始流动度不少于 1 次，且初始流动度≥300mm，30min 后的流动度≥（　）mm。

A. 290　　B. 280

C. 270　　D. 260

11. 灌浆操作全过程应有（　）负责旁站监督并及时形成施工质量检查记录。

A. 技术员　　B. 施工员

C. 兼职质检员　　D. 专职质检员

12. 水平缝联通腔分仓封缝；用不流动、不收缩的封缝坐浆料塞在构件水平缝下方，形成 30～40mm 宽的分仓隔墙；将长度较大的构件底面分成两部分或三部分，单仓最大尺寸不宜超过

（　）m。

A. 0.5　　B. 1.0

C. 1.5　　D. 2.0

13. 关于联通腔灌浆过程，下列说法不正确的是（　）。

A. 同一仓只能在一个灌浆孔灌浆，不能同时选择两个以上孔灌浆

B. 同一仓应连续灌浆，不得中途停顿。如果中途停顿，再次灌浆时，已经封堵的灌排浆孔不需要打开，待剩余灌浆排浆口出浆即可

C. 灌浆后灌浆料同条件试块强度 35MPa 后方可进行对接头有扰动的后续工作

D. 通过水平缝联通腔一次向构件的多个接头灌浆时，应按灌浆料排出先后依次封堵灌浆排浆孔，封堵时灌浆泵（枪）一直保持灌浆压力，直至所有灌排浆孔出浆

14.《钢筋套筒灌浆连接应用技术规程》JGJ 355—2015 要求：灌浆料进场时，应对灌浆料拌合物 30min 流动度、泌水率及（　）d 抗压强度、28d 抗压强度、3h 竖向膨胀率、24h 与 3h 竖向膨胀率差值进行检验。

A. 1　　B. 1 和 3

C. 7　　D. 3

15. 关于钢筋连接用套筒灌浆料的搅拌环节，下列说法正确的是（　）。

A. 灌浆料在夏天高温状态下搅拌，可适当在厂家给出的加水率基础上，多加一些拌合水

B. 灌浆料搅拌后，不需静止，可直接进行灌浆

C. 为便于搅拌，通常是在搅拌容器内先加水，再将部分灌浆料干粉料加入，至搅拌均匀后再加入剩余干粉料搅拌

D. 不同厂家的灌浆料，搅拌时其加水率是相同的

16. 接头灌浆料的制备需要配备搅拌设备和灌浆设备，下列关

于搅拌机和灌浆泵的说法正确的是（　）。

A. 为提高工作效率，搅拌机的电机转数越快越好

B. 灌浆泵输出压力越高，越有利于灌浆

C. 各种结构形式的灌浆泵使用后均需认真清洗，防止灌浆料硬化堵塞管路

D. 在现场，高速手枪钻可替代搅拌机进行灌浆料搅拌

17. 灌浆料使用前应检查产品包装上的（　）。

A. 有效期和外观　　B. 产品使用说明书

C. 注意事项　　D. 生产日期

18. 竖向连接灌浆施工的封堵顺序及时间尤为重要。封堵时间应以什么为准（　）。

A. 出浆孔有浆料流出时即可封堵

B. 当出浆孔连续均匀有气泡冒出时

C. 当出浆孔连续均匀无气泡冒出时

D. 当出浆孔连续均匀无气泡且成圆柱体冒出时

19. 灌浆施工时，环境温度不应低于5℃；当连接部位养护温度低于（　）℃时，应采取加热保温措施。

A. 5　　B. 10

C. 15　　D. 20

20. 每工作班应检查灌浆料拌合物初始流动度不少于（　）次。

A. 1　　B. 2

C. 3　　D. 4

21. 灌浆料同条件养护试件抗压强度达到（　）MPa，方进行对接头有扰动的后续施工。

A. 20　　B. 25

C. 30　　D. 35

22. 灌浆作业是装配整体式结构工程施工质量控制的关键环节之一。对作业人员应进行培训考核，并持证上岗，同时要求

（　）。

A. 不做其他要求

B. 专职检验人员在灌浆初始阶段进行监督

C. 其他灌浆作业人员在灌浆操作全过程监督

D. 专职检验人员在灌浆操作全过程监督

23. 以下两张图分别为何种灌浆套筒连接方式？（　）

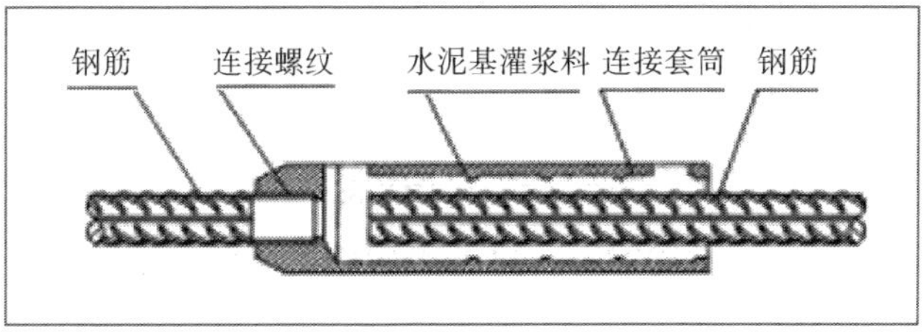


（上图）

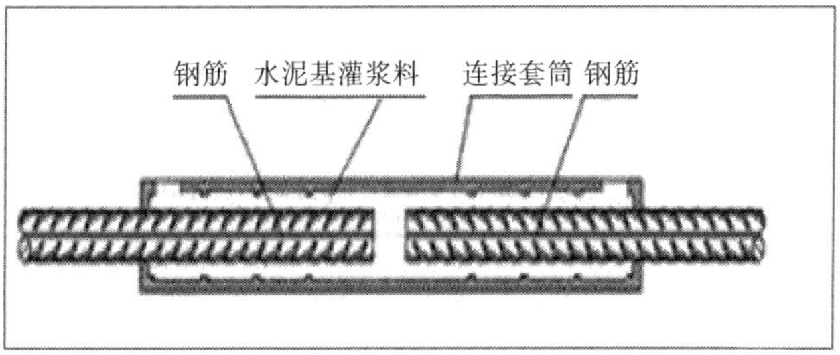


（下图）

A. 上图为直螺纹套筒，下图为全灌浆套筒

B. 上图为半灌浆套筒，下图为全灌浆套筒

C. 上图为全灌浆套筒，下图为半灌浆套筒

D. 上图为半灌浆套筒，下图为钢筋连接套筒

24. 对竖向钢筋套筒灌浆连接，灌浆作业应采用（　）从灌浆套筒下灌浆孔注入，当灌浆料拌合物从构件其他灌浆孔、出浆孔流出后应及时封堵。

A. 压浆法　　B. 自流法

C. 倒灌法　　D. 植筋法

25. 下列不是灌浆时专用设备的（　）。

A. 高压输送管　　B. 气压罐体注浆机

C. 手动注浆器　　D. 螺旋式挤压注浆机

26. 灌浆高压输送管的连接口与注浆孔外观尺寸应符合（　）标准。

A. 2.5mm

B. 与灌浆套筒的外观尺寸匹配

C. 小于灌浆孔的尺寸可以完全塞入

D. 与预制构件预留灌浆孔最外端匹配

27. 下列（　）设备有利于满足灌浆过程中密实度。

A. 气压罐体注浆机　　B. 螺旋式挤压注浆机

C. 手动注浆器　　D. 直接用漏斗灌入

28. 在设置灌浆作业半径中管道的长短制约着灌浆的效率，我们应如何合理的设置管道的长短（　）。

A. 越长越好，作业半径大，可以灵活操作

B. 越短越好，灌浆压力大，密实度好

C. 无所谓，只要能灌进去就行

D. 应通过试验，调整匹配的长度和变频，保证灌浆流速

29. 拌合浆料时应采用什么设备拌合（　）。

A. 灌浆专用的高速搅拌抢　　B. 混凝土强制搅拌机

C. 滚筒砂浆搅拌机　　D. 在专用区域人工拌合

30. 灌浆作业完成后，气压力管道如何处理才专业（　）并且能保证反复使用顺利作业。

A. 不需要任何处理

B. 用水反复冲洗

C. 用水冲洗后平放在地面即可

D. 用水反复冲洗后将管道挂起或垂直摆放再冲洗直至清水流出

31. 灌浆对场地环境的要求描述中正确的一项是（　）。

A. 灌浆机体积小且可以任意移动对环境几乎没有要求

B. 干燥环境作业

C. 考虑电源方便，水源方便

D. 应认真读取灌浆作业手册及专项施工方案，结合厂方使用说明书科学作业

32. 初次使用灌浆机时需要检查灌浆机是否能够连续作业，我们一般采用什么方式测试（　）。

A. 不用测试

B. 用浆料直接试验机器，先循环两个周期再注浆

C. 用水打循环，循环水不需要处理，直接投料注浆

D. 用水湿润注浆机后排除多余的水分，再用流动度较大的浆料灌入并循环，不得使用润管的浆料

33. 补浆设备如何正确的使用（　）。

A. 在正常情况下可以替代灌浆机

B. 灌浆设备没有使用的必要

C. 在灌浆半小时后观察出浆孔是否饱满，不饱满的可以手工缓慢补将，注意留有缝隙排出空腔区域的气体

D. 直接用灌浆机高压补浆

34. 竖向构件的灌浆套筒是否堵塞专业的检查方式是（　）。

A. 高压气枪充气检查　　B. 灌水检查

C. 透光检测　　D. 目测

35. 预制墙板中灌浆套筒预埋位置和数量如何检查（　）。

A. 不用检查构件都是预制场提前检查好的

B. 参照图纸逐一检查填写检查表交付吊装安装

C. 根据要求抽样检测

D. 送样检测

36. 检查灌浆料有大量的结饼成团且袋装中大多数都这样应如何处理（　）。

A. 用公称直径为 10mm 的筛子筛出结饼成团继续使用

B. 坚决不能使用

C. 烘干后碾碎使用

D. 增加搅拌时间拌合均匀使用

37. 下列对于灌浆料和坐浆料的说法正确的一项（　）。

A. 灌浆料和坐浆料都是用灌浆套筒施工用的特种砂浆，它们在名称上有区别，是分别用在不同灌浆套筒上的

B. 灌浆料用于结构灌浆套筒的连接填充的高强特种砂浆，坐浆料是用于灌浆分仓和分仓用的封堵围护砂浆

C. 用于检测灌浆料强度的试件尺寸为 70.7mm × 70.7mm ×70.7mm

D. 用于检测坐浆料强度的试件为 40mm ×40mm ×160mm

38. 拌合好的坐浆料和灌浆料最大感官区别是（　）。

A. 流动度不一样　　B. 颜色不一样

C. 黏度不一样　　D. 都不一样

39. 灌浆料和注浆在工程施工中的先后顺序上有明显的差异，下面描述正确的是（　）。

A. 先做坐浆料待有一定强度后，才进行灌浆

B. 先灌浆，后坐浆

C. 同一构件在施工上，灌浆和坐浆工序可以同时进行

D. 没有先后顺序，根据现场情况而定

40. 预制剪力墙保护层 25mm 分仓、封仓时坐浆层标准尺寸最合理的是（　）。

A. 10mm ×10mm　　B. 25mm ×25mm

C. 30mm ×30mm　　D. 20mm ×20mm

41. 对于灌浆套筒下部仓道描述正确是（　）。

A. 上面各个接触面应保持一定湿润状态，且仓低应做好清理工作保证没有灰层和杂物

B. 仓底和与预制构件的接触都应该平滑、干净

C. 在注浆前仓道里面需要灌满水保证潮湿，用灌浆的浆料浆

多余的水分挤出出浆孔即可

D. 界面内侧防止漏浆用透明胶布贴起来

42. 在灌浆时出现有出浆时堵住出浆口，如何判断出浆的状态为堵住的最佳状态（ ）。

A. 不能浪费材料一出浆就堵上　　B. 出浆要连续且饱满呈柱状

C. 堵不堵无所谓　　D. 先堵上在灌浆

43. 若灌浆过程中发现有堵塞不通且不出浆的现象应更换备份的灌浆孔重新灌浆（ ）。

A. 其他出浆孔出浆就行

B. 相邻的出浆孔出浆

C. 直至上一个堵塞的孔道重新出浆为止

D. 备份的灌浆套筒出浆孔出浆

44. 若灌浆时出现多处堵塞，应（ ），检查排除堵塞后重新安装并进行灌浆。

A. 吊起墙板冲洗灌浆套筒　　B. 放弃灌浆

C. 继续用其他注浆孔反复灌浆　　D. 用细小的钢筋掏

45. 灌浆机投料正确的做法是（ ）。

A. 湿润灌浆机和管道后直接注浆

B. 潮湿灌浆机、和灌浆管道先注入少量的水，打通灌浆管道，再投入拌好的浆料

C. 灌浆机不出料直接加水调稀拌合物

D. 不需要浆润机的水料混合的部分全部排出管道后即可注浆

46. 下列做法错误的是（ ）。

A. 为加速灌浆的速度可以在出浆孔逐一灌浆

B. 注浆时必须选择注浆孔注浆

C. 有观察孔的预制构件，可以在所有注浆孔和出浆孔堵塞后继续灌到观察孔溢浆

D. 高位补浆孔是有效利用微重力自补浆的措施

47. 灌浆机调速的技术要求说法不正确是（ ）。

A. 适合的速度既有利于灌浆的密实，又有利于工作效率的提高

B. 灌浆机的速度和浆料的稠度、流动度没有关系

C. 在所有出浆孔出浆时采用慢速灌浆能保证浆料的密实，能有效的减少爆仓，避免灌浆失败

D. 灌浆操作是需要快慢速率使用得当

48. 灌浆施工密实度检查工作应在（　）时间内完成。

A. 灌浆料硬化后　　B. 30 分钟以内

C. 浆料还有一定流动度时　　D. 两个小时后

49. 灌浆施工密实度检查工作应使用什么工具（　）。

A. 细钢筋

B. 手电筒观察出浆孔浆料的饱满度

C. 用空压机打气

D. 用尺量

50. 建筑施工现场用于提醒人们对周围环境引起注意的标志是（　）。

A. 禁止标志　　B. 提示标志

C. 警告标志　　D. 指令标志

51. 起重吊运信号不包括（　）。

A. 手势信号　　B. 旗语信号

C. 音响信号　　D. 口笛信号

52. 在施工中发生危及人身安全的紧急情况时，作业人员有权（　）或者在采取必要的应急措施后撤离危险区域。

A. 立即停止作业　　B. 先把手头的事情做完

C. 冒险也要把作业完成　　D. 听之任之

53. 起落重物时，重物下方严禁（　）。

A. 堆物　　B. 视线不清

C. 站人　　D. 积水

54. 凡在坠落高度基准面（　）m 及以上，有可能坠落的高处

进行作业，均称高处作业。

A. 2.0　　B. 3.0

C. 4.0　　D. 5.0

55. 吊运重物起吊时，必须先将重物吊离地面（　）m 左右，确定制动、物料捆扎等无问题后，方可按照指挥信号操作。

A. 0.3　　B. 0.5

C. 1　　D. 1.2

56. 表示“吊钩微微上升”，指挥人员应做出（　）信号动作。

A. 小臂向侧上方伸直，五指自然伸开，高于肩部，以腕部为轴转动

B. 手臂伸向侧下方，与身体夹角均为30°，手心向下，以腕部为轴，重复向下摆动手掌

C. 小臂伸向侧前上方，手心朝上高于肩部，以腕部为轴，重复向上摆动手掌

D. 双小臂曲起，伸向一侧，五指伸直，手心相对，其间距与负载所要移动的距离接近

57. 起重同一重物时（　）将钢丝绳和链条等混合同时使用于捆扎或重物。

A. 可以　　B. 允许

C. 不得　　D. 不宜

58. 塔式起重机正常使用时，（　）要检查连接螺栓。

A. 每班　　B. 每三天

C. 每周　　D. 每月

59. 起重机作业时，当风速较大时，易引起起重机失稳，当风力大于（　）级时起重机应停止作业。

A. 4　　B. 6

C. 8　　D. 10

60. 安全技术交底应有书面材料，并有（　）。

A. 双方的签字　　B. 交底日期

C. A 和 B　　D. 安全员签字和交底日期

61. QTZ630A 塔式起重机型号中 630 是表示（　）。

A. 额定起重力矩 630kNm　　B. 最大起重量 6.3t

C. 最大幅度 63m　　D. 额定起重量 6.3t

62. 起重机吊钩的吊点应与吊物重心在同一条（　）上使吊物处于稳定平衡状态。

A. 水平线　　B. 铅垂线

C. 曲线　　D. 斜线

63. 钢丝绳的安全系数是（　）。

A. 钢丝绳破断拉力与允许拉力的比

B. 钢丝绳允许拉力与破断拉力的比

C. 钢丝的破断拉力与允许拉力的比

D. 随意定

64. 相同状况下，4 倍率吊钩的起升速度是 2 倍率吊钩起升速度的（　）倍。

A. 0.5　　B. 1

C. 2　　D. 4

65. 装配式建筑预制构件起吊时，绳索与构件水平面所成夹角不宜小于（　），当小于（　），应经过验算或采用平衡钢梁起吊。

A. 45°　　B. 30°

C. 60°　　D. 90°

66. 下列哪项是错误的做法（　）。

A. 起重吊装所用之钢丝绳，不准触及有电线路和电焊搭铁线，或与坚硬物体磨擦

B. 操作人员在楼层内进行操作，在吊升过程中，非操作人员可以在操作架上走动与施工

C. 预制装配式混凝土结构施工和管理人员，进入现场必须遵守安全生产六大纪律

D. 安全防护采用操作架时，操作架要逐次安装与提升，不准交叉作业

67. 下方图中存在的安全隐患是（　）。

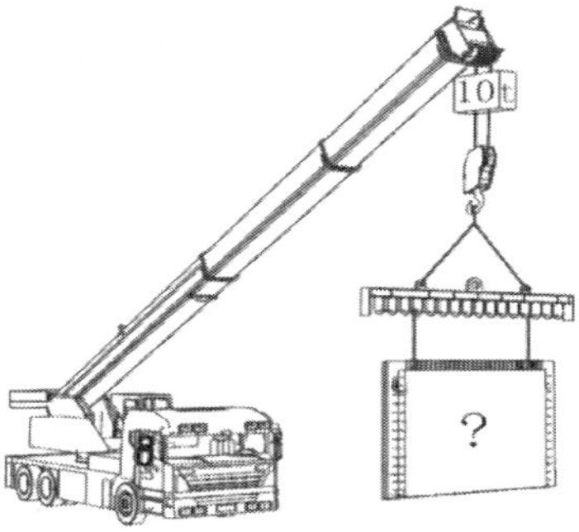


A. 不应使用汽车吊　　B. 起吊物下方有人

C. 起吊物上有搁置浮物　　D. 起吊物体重量不明

68. 下列工具哪一项与预制构件吊装无关（　）。

A. 

B. 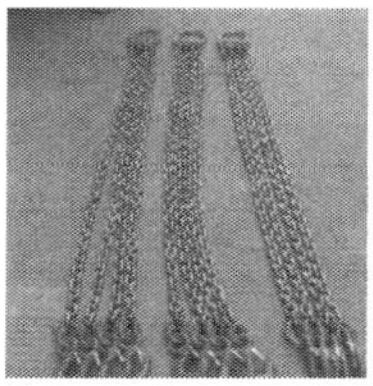

C. 

D. 

69. 下列描述正确的是（　）。

A. 吊装时只需要有统一的指挥，信号可以不统一

B. 吊装时只需要统一的信号，不需要统一的指挥

C. 吊装时必须有统一的指挥、统一的信号

D. 吊装时不需要统一的指挥和信号

70. 吊装时吊索的直径和长度要根据（　）确定。

A. 费用多少

B. 吊装构件重量和吊装构件的吊点位置

C. 吊装构件重量

D. 构件的体积

71. 吊装的钢丝绳一般宜选用（ ）。

A. 6×91+1　　B. 6×37+1

C. 6×61+1　　D. 6×19+1

72. 吊装安全系数一般取（ ）。

A. 1~2　　B. 2~3

C. 3~4　　D. 6~7

73. 卸扣的大小应予吊索相配，选择卸扣时要考虑（ ）。

A. 卸扣等于或大于吊索　　B. 卸扣小于吊索

C. 可以随意选择　　D. 考虑经济性

74. PC构件的吊装过程中，用来完成构件卸车时翻转和构件吊装时水平调整的工具是（ ）。

A. 手拉葫芦　　B. 卸扣

C. 吊索　　D. 钢横梁

75. 吊装所用的手拉葫芦手力一般为（ ）吨即可。

A. 1　　B. 3

C. 0.5　　D. 2

76. PC构件吊装时，手拉葫芦的受力应（ ）。

A. 大于所配吊索　　B. 小于所配吊索

C. 等于所配吊索　　D. 与吊索无关

77. 所吊的PC构件，在什么情况下可以松绳脱钩（ ）。

A. PC构件校正完成后即可松绳脱钩

B. PC构件焊牢后即可松绳脱钩

C. PC构件固定后即可松绳脱钩

D. 完成构件校正，焊牢和固定，吊装指挥人员检查确认后，即可松绳脱钩

78. 下列描述正确的是（　）。

A. 吊装时只需要有统一的指挥，信号可不统一

B. 吊装时只需要统一的信号，不需要统一的指挥

C. 吊装时必须有同意的指挥、统一的信号

D. 吊装时不需要统一的指挥和信号

79. 下列哪项时错误的做法（　）。

A. 起重吊装所用之钢丝绳，不准触及有电线路和电焊搭铁线

B. 吊升过程中，非操作人员可以在操作架上走动

C. 施工人员进入现场必须遵守安全生产六大纪律

D. 安全防护操作架要逐次安装与提升，不准交叉作业

80. 下列描述正确的是（　）。

A. 吊运 PC 构件时，下方站人

B. 在高空作业吊装时，工人攀爬柱、墙钢筋

C. 起吊墙板件，中途长时间悬吊、停滞

D. PC 外墙吊装时，操作人员站在楼层内，佩戴穿芯自锁保险带并与楼面内预埋件（点）扣牢

## 二、判断题

1. 灌浆材料称量完毕后，将水及灌浆料全部加入，开动搅拌机搅拌 3 ~4 分钟，至浆料黏稠无颗粒。（　）

2. 灌浆过程中，用橡胶塞封堵溢浆孔，并保证封堵不会漏气。（　）

3. 灌浆作业前，可不用进行灌浆质量及连接接头的检测。（　）

4. 灌浆套筒可分为全灌浆套筒和半灌浆套筒。（　）

5. 灌浆料拌合物是灌浆料安规定比例加水搅拌后，具有规定流动性、早强、高强及硬化后收缩等性能的浆体。（　）

6. 在金属套筒中插入单根带肋钢筋并注入灌浆料拌合物，通过拌合物硬化形成整体并实现传力的钢筋对接连接，简称套筒灌浆

连接。（ ）

7. 在预制墙板吊装前应对结合面进行凿毛处理并洒水阴湿。

（ ）

8. 预制构件吊装前需要进一步检验套筒内部的通透性。（ ）

9. 采用底部坐浆，套筒内逐个灌浆的施工工艺进行施工时，从灌浆孔灌浆，待浆料从出浆孔稍稍流出时即封闭出浆孔。（ ）

10. 灌浆料的初始流动度不宜大于 260mm。（ ）

11. 拌制灌浆料时严格按照其产品说明书进行拌制。（ ）

12. 灌浆料拌合物应采用电动设备搅拌充分、均匀，并宜静置 2min 后使用。（ ）

13. 采用底部坐浆，套筒内逐个注浆的施工工艺时对灌浆套筒与钢筋之间的缝隙可不采取封闭措施。（ ）

14. 每工作班组应检查灌浆料拌合物初始流动度不少于 1 次。

（ ）

15. 灌浆料宜在加水后 30min 内用完。（ ）

16. 采用连通腔灌浆方式时，灌浆施工前应对各连通灌浆区域进行封堵，且封堵材料不应减小结合面的设计面积。（ ）

17. 搅拌完成后可以再加水。（ ）

18. 加水量应按灌浆量使用说明书的要求确定，并应按重量计量。（ ）

19. 灌浆料制备过程中，为保证灌浆料的流动度，在拌合均匀后应立即注入灌浆机进入灌浆程序。（ ）

20. 如需要拌合灌浆料 25kg，产品说明书推荐水灰比为 0.12，则用水量为 3kg，灌浆料为 22kg。（ ）

# 初级工答案

## 一、单选题

| | | | | | | | | |
|---|---|---|---|---|---|---|---|---|
| 1. D | 2. A | 3. D | 4. B | 5. D | 6. C | 7. C | 8. A | 9. B |
| 10. D | 11. D | 12. C | 13. B | 14. D | 15. C | 16. C | 17. A | 18. D |
| 19. B | 20. A | 21. D | 22. D | 23. B | 24. A | 25. C | 26. D | 27. B |
| 28. D | 29. A | 30. D | 31. D | 32. D | 33. C | 34. C | 35. B | 36. B |
| 37. B | 38. A | 39. A | 40. D | 41. A | 42. B | 43. C | 44. A | 45. B |
| 46. A | 47. B | 48. B | 49. B | 50. C | 51. D | 52. A | 53. A | 54. A |
| 55. B | 56. C | 57. C | 58. A | 59. B | 60. C | 61. A | 62. B | 63. A |
| 64. A | 65. A | 66. B | 67. D | 68. D | 69. C | 70. B | 71. D | 72. D |
| 73. A | 74. A | 75. B | 76. A | 77. D | 78. C | 79. B | 80. D | |

## 二、判断题

| | | | | | | | |
|---|---|---|---|---|---|---|---|
| 1. × | 2. √ | 3. × | 4. √ | 5. × | 6. √ | 7. √ | 8. √ |
| 9. × | 10. × | 11. √ | 12. √ | 13. × | 14. √ | 15. √ | 16. √ |
| 17. × | 18. √ | 19. × | 20. × | | | | |

# 中级工试题

## 一、单选题

1. 关于坐浆料的拌制，以下表述不正确的是（    ）。

A. 称量砂子、石子、水泥　　B. 称量拌和用水

C. 按照配比要求投料搅拌　　D. 进行流动度检测

2. 关于灌浆作业与环境温度的关系，以下表述正确的是（    ）。

A. 灌浆料的使用及灌浆作业不受环境影响

B. 环境温度低于5℃时不宜施工，低于0℃时不得施工

C. 当环境温度高于30℃时，不需采取降低灌浆料拌合物温度的措施

D. 环境温度低于10℃时不应进灌浆作业

3. 对于竖向构件底部坐浆、套筒内逐个灌浆的施工工艺，常用的灌浆工具为（    ）。

A. 胶枪　　B. 注射器

C. 漏斗　　D. 打气筒

4. 水平钢筋套筒灌浆连接，灌浆作业不符合规范要求的是（    ）。

A. 采用压降法从灌浆套筒一侧灌浆孔注入，在另一侧出浆孔流出时应停止灌浆

B. 套筒灌浆孔、出浆孔应朝上

C. 灌满后浆面高于套筒内壁最高点

D. 使用过的灌浆料可以回收利用

5. 拌制灌浆料时，需要用到以下哪种工具（    ）。

A. 坐浆料搅拌机　　B. 灌浆料搅拌机

C. 手推车　　　　　　　　D. 水运输车

6. 根据相应规范的要求套筒为连接钢筋的直径为 16mm 采用全灌浆套筒连接，其两端钢筋伸入套筒的长度最小为（　）mm。

A. 148　　　　　　　　B. 168

C. 150　　　　　　　　D. 200

7. 灌浆料宜在加水后（　）min 内用完。

A. 20　　　　　　　　B. 25

C. 30　　　　　　　　D. 45

8. 散落的灌浆料拌合物不得二次使用；剩余的拌合物（　）再次添加灌浆料、水后混合使用。

A. 不宜　　　　　　　　B. 可以

C. 不得　　　　　　　　D. 必须

9. 结合钢筋套筒灌浆连接的施工工艺，其灌浆方法主要分为（　）和手动逐个灌浆。

A. 机械连续灌浆　　　　　　　　B. 机械逐个灌浆

C. 手动连续灌浆　　　　　　　　D. 机械灌浆

10. 拌合用水采用清水并符合《混凝土用水标准》JGJ 63 的有关规定；加水量应按灌浆料的使用说明书的要求确定，并按重量计量灌浆料拌合物，应采用电动设备搅拌充分、均匀，并宜静置（　）min 将气泡排除后使用。

A. 1　　　　　　　　B. 2

C. 3　　　　　　　　D. 4

11. 钢筋连接用灌浆料搅拌完成后，不得再次加水。每工作班应检查灌浆料拌合物初始流动度不少于 1 次，且初始流动度≥300mm，30min 后的流动度≥（　）mm。

A. 290　　　　　　　　B. 280

C. 270　　　　　　　　D. 260

12. 对于套筒钢筋定位说法正确的是（　）。

A. 中心位置定位可以采取与钢筋相对位置，捆扎好双层钢筋

受力筋与分布筋应牢靠

B. 套筒定位应采取与侧面模具定位，钢筋应采取与套筒中心定位的办法

C. 伸入套筒的长度应满足 8d 的要求

D. 定位点应采取焊接办法让钢筋在套筒中心的绝对位置

13. 水平缝联通腔分仓封缝；用不流动、不收缩的封缝坐浆料塞在构件水平缝下方，形成 30 ~ 40mm 宽的分仓隔墙；将长度较大的构件底面分成两部分或三部分，单仓最大尺寸不宜超过（　）m。

A. 0.5　　B. 1.0

C. 1.5　　D. 2.0

14. 关于联通腔灌浆过程，下列说法不正确的是（　）。

A. 同一仓只能在一个灌浆孔灌浆，不能同时选择两个以上孔灌浆

B. 同一仓应连续灌浆，不得中途停顿。如果中途停顿，再次灌浆时，已经封堵的灌排浆孔不需要打开，待剩余灌浆排浆口出浆即可

C. 灌浆后灌浆料同条件试块强度 35MPa 后方可进行对接头有扰动的后续工作

D. 通过水平缝联通腔一次向构件的多个接头灌浆时，应按灌浆料排出先后依次封堵灌浆排浆孔，封堵时灌浆泵（枪）一直保持灌浆压力，直至所有灌排浆孔出浆

15.《钢筋套筒灌浆连接应用技术规程》JGJ 355—2015 要求：灌浆料进场时，应对灌浆料拌合物 30min 流动度、泌水率及（　）抗压强度、28d 抗压强度、3h 竖向膨胀率、24h 与 3h 竖向膨胀率差值进行检验。

A. 1d　　B. 1d 和 3d

C. 7d　　D. 3d

16. 关于钢筋连接用套筒灌浆料的搅拌环节，下列说法正确的是（　）。

A. 灌浆料在夏天高温状态下搅拌，可适当在厂家给出的加水率基础上，多加一些拌合水

B. 灌浆料搅拌后，不需静止，可直接进行灌浆

C. 为便于搅拌，通常是在搅拌容器内先加水，再将部分灌浆料干粉料加入，至搅拌均匀后再加入剩余干粉料搅拌

D. 不同厂家的灌浆料，搅拌时其加水率是相同的

17. 半灌浆套筒预制端采用机械连接时其钢筋丝头加工应进行（　）检测确定批量加工。

A. 接头性能检测　　B. 工艺检验测

C. 型式检验　　D. 平行检测

18. 灌浆料使用前应检查产品包装上的（　）。

A. 有效期和外观　　B. 产品使用说明书

C. 注意事项　　D. 生产日期

19. 竖向连接灌浆施工的封堵顺序及时间尤为重要。封堵时间应以什么为准（　）。

A. 出浆孔有浆料流出时即可封堵

B. 当出浆孔连续均匀有气泡冒出时

C. 当出浆孔连续均匀无气泡冒出时

D. 当出浆孔连续均匀无气泡且成圆柱体冒出时

20. 灌浆施工时，环境温度不应低于 5℃；当连接部位养护温度低于（　）℃时，应采取加热保温措施。

A. 5　　B. 10

C. 15　　D. 20

21. 半灌浆套筒预制端采用机械连接时其钢筋丝头加工直径为 16mm，而浆锚一端为 14mm 在施工中浆锚长度应不小于（　）。

A. 16mm × 8mm

B. 14mm × 8mm

C. 14mm × 8mm ~ 16mm × 8mm 之间

D. 取钢筋平均直径的 8d

22. 灌浆料同条件养护试件抗压强度达到（ ），方进行对接头有扰动的后续施工。

A. 20MPa　　B. 25MPa

C. 30MPa　　D. 35MPa

23. 灌浆作业是装配整体式结构工程施工质量控制的关键环节之一。对作业人员应进行培训考核，并持证上岗，同时要求（ ）。

A. 不做其他要求

B. 专职检验人员在灌浆初始阶段进行监督

C. 其他灌浆作业人员在灌浆操作全过程监督

D. 专职检验人员在灌浆操作全过程监督

24. 全灌浆套筒在灌浆前应对现浇预留钢筋的相对位置，预留高度，直径进行复查，对生锈严重的钢筋应进行（ ）处理。

A. 除去生锈的钢筋的氧化层

B. 对钢筋的垂直度调整

C. 对高度不够的钢筋进行焊接加长

D. 对直径错误的钢筋进行绑焊加宽增加截面积

25. 对竖向钢筋套筒灌浆连接，灌浆作业应采用（ ）从灌浆套筒下灌浆孔注入，当灌浆料拌合物从构件其他灌浆孔、出浆孔流出后应及时封堵。

A. 压浆法　　B. 自流法

C. 倒灌法　　D. 植筋法

26. 下列不是灌浆时专用设备的是（ ）。

A. 高压输送管　　B. 气压罐体注浆机

C. 手动注浆器　　D. 螺旋式挤压注浆机

27. 灌浆高压输送管的连接口与注浆孔外观尺寸应符合（ ）标准。

A. 2.5mm

B. 与灌浆套筒的外观尺寸匹配

C. 小于灌浆孔的尺寸可以完全塞入

D. 与预制构件预留灌浆孔最外端匹配

28. 下列哪种设备有利于满足灌浆过程中密实度（　）。

A. 气压罐体注浆机　　B. 螺旋式挤压注浆机

C. 手动注浆器　　D. 直接用漏斗灌入

29. 在设置灌浆作业半径中管道的长短制约着灌浆的效率，我们应如何合理的设置管道的长短（　）。

A. 越长越好，作业半径大，可以灵活操作

B. 越短越好，灌浆压力大，密实度好

C. 无所谓，只要能灌进去就行

D. 应通过试验，调整匹配的长度和变频，保证灌浆流速

30. 灌浆料入场（　）吨（　）时间内采购的同一批灌浆料作为一个批次。

A. 500，一年　　B. 50，15 天

C. 50，28 天　　D. 50，一个保质期

31. 灌浆作业完成后，气压力管道如何处理才专业（　）并且能保证反复使用顺利作业。

A. 不需要任何处理

B. 用水反复冲洗

C. 用水冲洗后平放在地面即可

D. 用水反复冲洗后将管道挂起或垂直摆放再冲洗直至清水流出

32. 灌浆对场地环境的要求描述中正确的一项是（　）。

A. 灌浆机体积小且可以任意移动对环境几乎没有要求

B. 干燥环境作业

C. 考虑电源方便，水源方便

D. 应认真读取灌浆作业手册及专项施工方案，结合厂方使用说明书科学作业

33. 初次使用灌浆机时需要检查灌浆机是否能够连续作业，我们一般采用什么方式测试（　）。

A. 不用测试

B. 用浆料直接试验机器，先循环两个周期，在注浆

C. 用水打循环，循环水不需要处理，直接投料注浆

D. 用水湿润注浆机后排除多余的水分，再用流动度较大的浆料灌入并循环，不得使用润管的浆料

34. 补浆设备如何正确的使用（　）。

A. 在正常情况下可以替代灌浆机

B. 灌浆设备没有使用的必要

C. 在灌浆半小时后观察出浆孔是否饱满，不饱满的可以手工缓慢补将，注意留有缝隙排出空腔区域的气体

D. 直接用灌浆机高压补浆

35. 装配式结钢筋连接用灌浆套筒灌浆料的施工最低温度为（　）℃。

A. 0　　　　B. －5

C. －10　　　　D. 5

36. 预制墙板中灌浆套筒预埋位置和数量如何检查（　）。

A. 不用检查构件都是预制场提前检查好的

B. 参照图纸逐一检查填写检查表交付吊装安装

C. 根据要求抽样检测

D. 送样检测

37. 检查灌浆料有大量的结饼成团且袋装中大多数都这样应如何处理（　）。

A. 用公称直径为 10mm 的筛子筛出结饼成团继续使用

B. 坚决不能使用

C. 烘干后碾碎使用

D. 增加搅拌时间拌合均匀使用

38. 下列对于灌浆料和坐浆料的说法正确的一项（　）。

A. 灌浆料和坐浆料都是用灌浆套筒施工用的特种砂浆，他们在名称上有区别，是分别用在不同灌浆套筒上的

B. 灌浆料用于结构灌浆套筒的连接填充的高强特种砂浆，坐浆料是用于灌浆分仓和分仓用的封堵围护砂浆

C. 用于检测灌浆料强度的试件尺寸为70.7mm×70.7mm×70.7mm

D. 用于检测坐浆料强度的试件为40mm×40mm×160mm

39. 拌合好的坐浆料和灌浆料最大感官区别是（　）。

A. 流动度不一样　　B. 颜色不一样

C. 黏度不一样　　D. 都不一样

40. 灌浆料通过充分搅拌后静止2—3分钟时间测试流动度，初始不小于（　）mm，30min后不小（　）mm。

A. 300，260　　B. 300，280

C. 260，200　　D. 200，260

41. 预制剪力墙保护层25mm分仓、封仓时坐浆层标准尺寸最合理的是（　）。

A. 10mm×10mm　　B. 25mm×25mm

C. 30mm×30mm　　D. 20mm×20mm

42. 对于灌浆套筒下部仓道描述正确是（　）。

A. 上面各个接触面应保持一定湿润状态，且仓低应做好清理工作保证没有灰层和杂物

B. 仓底和与预制构件的接触都应该平滑、干净

C. 在注浆前仓道里面需要灌满水保证潮湿，用灌浆的浆料将多余的水分挤出出浆孔即可

D. 界面内侧防止漏浆用透明胶布贴起来

43. 在灌浆时出现有出浆时堵住出浆口，如何判断出浆的状态为堵住的最佳状态（　）。

A. 不能浪费材料一出浆就堵上

B. 出浆要连续且饱满呈柱状

C. 堵不堵无所谓

D. 先堵上在灌浆

44. 灌浆料硬化后的指标，1d强度不小于（　）MPa，3d强

度不小于（　）MPa，28 强度不小于（　）MPa。

A. 15，35，80　　B. 35，45，85

C. 35，60，85　　D. 35，60，80

45. 灌浆操作施工时，应做好灌浆作业的视频资料，质量检验人员进行全程施工质量检查，能提供（　）记录。

A. 灌浆料强度报告

B. 灌浆套筒型式检验报告

C. 可追溯的全过程灌浆质量检查

D. 出厂合格证

46. 灌浆机投料正确的做法是（　）。

A. 湿润灌浆机和管道后直接注浆

B. 潮湿灌浆机、和灌浆管道先注入少量的水，打通灌浆管道，再投入拌好的浆料

C. 灌浆机不出料直接加水调稀拌合物

D. 不需要浆润机的水料混合的部分全部排出管道后即可注浆

47. 下列做法错误的是（　）。

A. 为加速灌浆的速度可以在出浆孔逐一灌浆

B. 注浆时必须选择注浆孔注浆

C. 有观察孔的预制构件，可以在所有注浆孔和出浆孔堵塞后继续灌到观察孔溢浆

D. 高位补浆孔是有效利用微重力自补浆的措施

48. 灌浆料型式检验报告的有效期是（　）年。

A. 1　　B. 2

C. 3　　D. 4

49. 灌浆施工密实度检查工作应在（　）时间内完成。

A. 灌浆料硬化后　　B. 30 分钟以内

C. 浆料还有一定流动度时　　D. 两个小时后

50. 灌浆施工密实度检查工作应使用什么工具（　）。

A. 细钢筋

B. 手电筒观察出浆孔浆料的饱满度

C. 用空压机打气

D. 用尺量

51. 建筑施工现场用于提醒人们对周围环境引起注意的标志是（　）。

A. 禁止标志　　B. 提示标志

C. 警告标志　　D. 指令标志

52. 起重吊运信号不包括（　）。

A. 手势信号　　B. 旗语信号

C. 音响信号　　D. 口笛信号

53. 在施工中发生危及人身安全的紧急情况时，作业人员有权（　）或者在采取必要的应急措施后撤离危险区域。

A. 立即停止作业　　B. 先把手头的事情做完

C. 冒险也要把作业完成　　D. 听之任之

54. 起落重物时，重物下方严禁（　）。

A. 堆物　　B. 视线不清

C. 站人　　D. 积水

55. 凡在坠落高度基准面（　）m 及以上，有可能坠落的高处进行作业，均称高处作业。

A. 2.0　　B. 3.0

C. 4.0　　D. 5.0

56. 吊运重物起吊时，必须先将重物吊离地面（　）m 左右，确定制动、物料捆扎等无问题后，方可按照指挥信号操作。

A. 0.3　　B. 0.5

C. 1　　D. 1.2

57. 灌浆作业生产宜加强建立（　）检验制度。

A. 抽检　　B. 模拟

C. 首件　　D. 首批

58. 起重同一重物时（　）将钢丝绳和链条等混合同时使用于

捆扎或重物。

A. 可以　　B. 允许

C. 不得　　D. 不宜

59. 塔式起重机正常使用时，（　）要检查连接螺栓。

A. 每班　　B. 每 3 天

C. 每周　　D. 每月

60. 《钢筋套筒灌浆连接应用技术规程》JGJ 355—2015 中规定现浇结构施工后外露连接钢筋的中心位置允许偏差为（　）。

A. 0～+3mm　　B. －3～0mm

C. 0～+5mm　　D. －5～0mm

61. 安全技术交底应有书面材料，并有（　）。

A. 双方的签字　　B. 交底日期

C. A 和 B　　D. 安全员签字和交底日期

62. QTZ630A 塔式起重机型号中 630 是表示（　）。

A. 额定起重力矩 630kNm　　B. 最大起重量 6.3t

C. 最大幅度 63m　　D. 额定起重量 6.3t

63. 起重机吊钩的吊点应与吊物重心在同一条（　）上使吊物处于稳定平衡状态。

A. 水平线　　B. 铅垂线

C. 曲线　　D. 斜线

64. 钢丝绳的安全系数是（　）。

A. 钢丝绳破断拉力与允许拉力的比

B. 钢丝绳允许拉力与破断拉力的比

C. 钢丝的破断拉力与允许拉力的比

D. 随意定

65. 相同状况下，4 倍率吊钩的起升速度是 2 倍率吊钩起升速度的（　）倍。

A. 0.5　　B. 1

C. 2　　D. 4

66. 灌浆套筒长度应根据试验确定，且灌浆连接端长度不宜小于（　）倍钢筋直径。

A. 6　　B. 8

C. 10　　D. 12

67. 下列哪项是错误的做法（　）。

A. 起重吊装所用之钢丝绳，不准触及有电线路和电焊搭铁线，或与坚硬物体磨擦

B. 操作人员在楼层内进行操作，在吊升过程中，非操作人员可以在操作架上走动与施工

C. 预制装配式混凝土结构施工和管理人员，进入现场必须遵守安全生产六大纪律

D. 安全防护采用操作架时，操作架要逐次安装与提升，不准交叉作业

68. 下方图中存在的安全隐患是（　）。

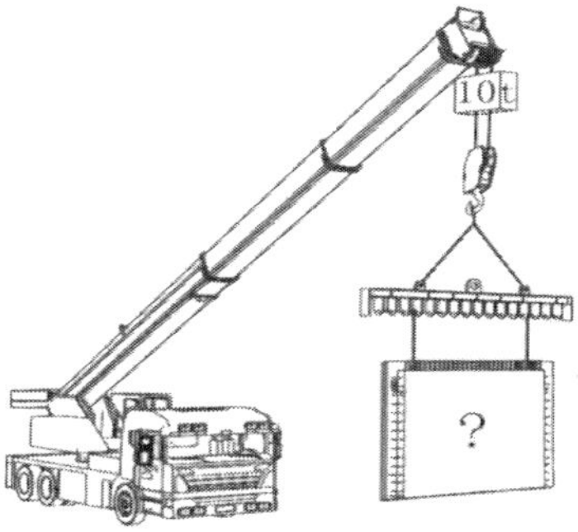


A. 不应使用汽车吊　　B. 起吊物下方有人

C. 起吊物上有搁置浮物　　D. 起吊物体重量不明

69. 下列工具哪一项与预制构件吊装无关（　）。

A. 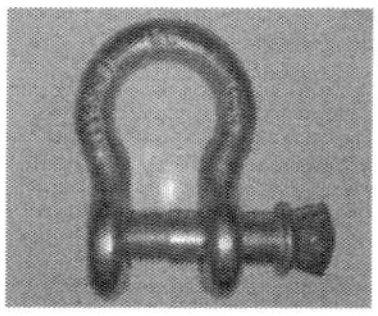　　B. 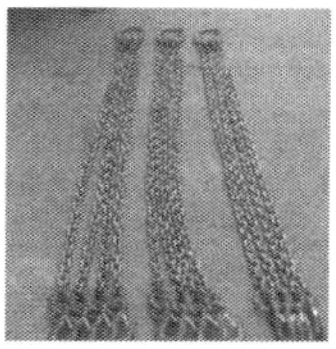

C. 　　D. 

70. 下列描述正确的是（　）。

A. 吊装时只需要有统一的指挥，信号可以不统一

B. 吊装时只需要统一的信号，不需要统一的指挥

C. 吊装时必须有统一的指挥、统一的信号

D. 吊装时不需要统一的指挥和信号

71. 吊装时吊索的直径和长度要根据（　）确定。

A. 费用多少

B. 吊装构件重量和吊装构件的吊点位置

C. 吊装构件重量

D. 构件的体积

72. 吊装的钢丝绳一般宜选用（　）。

A. 6×91+1　　B. 6×37+1

C. 6×61+1　　D. 6×19+1

73. 吊装安全系数一般取（　）。

A. 1~2　　B. 2~3

C. 3~4　　D. 6~7

74. 照片为灌浆料施工前（　）检测项目?

A. 灌浆料强度　　B. 灌浆料配合比

C. 灌浆料流动度　　D. 灌浆料厚度

75. PC 构件的吊装过程中，用来完成构件卸车时翻转和构件吊装时水平调整的工具是（　）。

A. 手拉葫芦　　B. 卸扣

C. 吊索　　D. 钢横梁

76. 装配式混凝土建筑施工中灌浆工艺的、应按有关规定进行评审、备案。施工前、应对新的或首次采用的施工工艺进行评价，并应制定专门的施工方案。施工方案经（　）审核批准后实施。

A. 建设单位　　B. 监理单位

C. 设计单位　　D. 施工单位

77. PC 构件吊装时，手拉葫芦的受力应（　）。

A. 大于所配吊索　　B. 小于所配吊索

C. 等于所配吊索　　D. 与吊索无关

78. 所吊的 PC 构件，在什么情况下可以松绳脱钩（　）。

A. PC 构件校正完成后即可松绳脱钩

B. PC 构件焊牢后即可松绳脱钩

C. PC 构件固定后即可松绳脱钩

D. 完成构件校正，焊牢和固定，吊装指挥人员检查确认后，即可松绳脱钩

79. 下列描述正确的是（　）。

A. 吊运 PC 构件时，下方站人

B. 在高空作业吊装时，工人攀爬柱、墙钢筋

C. 起吊墙板件。中途长时间悬吊、停滞

D. PC 外墙吊装时，操作人员站在楼层内，佩戴穿芯自锁保险带并与楼面内预埋件（点）扣牢

80. 吊运 PC 构件时，下方禁止站人，必须待吊物降落离地（　）m 以内，方准靠近，就为固定后，方可摘钩。

A. 5　　B. 7

C. 1　　　　D. 2

## 二、判断题

1. 灌浆料拌合物是灌浆料安规定比例加水搅拌后，具有规定流动性、早强、高强及硬化后收缩等性能的浆体。（ ）

2. 在金属套筒中插入单根带肋钢筋并注入灌浆料拌合物，通过拌合物硬化形成整体并实现传力的钢筋对接连接，简称套筒灌浆连接。（ ）

3. 在预制墙板吊装前应对结合面进行凿毛处理并洒水阴湿。（ ）

4. 灌浆料拌合物应采用电动设备搅拌充分、均匀，并宜静置2min 后使用。（ ）

5. 采用底部坐浆，套筒内逐个注浆的施工工艺时对灌浆套筒与钢筋之间的缝隙可不采取封闭措施。（ ）

6. 每工作班组应检查灌浆料拌合物初始流动度不少于 1 次。（ ）

7. 灌浆料宜在加水后 30min 内用完。（ ）

8. 采用连通腔灌浆方式时，灌浆施工前应对各连通灌浆区域进行封堵，且封堵材料不应减小结合面的设计面积。（ ）

9. 搅拌完成后可以再加水。（ ）

10. 灌浆料应测量初始流动度，测量合格后方可进行施工。（ ）

11. 灌浆料试验中与浆料接触的任何器具都应该保持潮湿状态，以避免试验的误差。（ ）

12. 为保证灌浆料的强度符合现场条件与现场一致，所有的同条件试件都应该和灌浆套筒施工现场一样的养护条件。（ ）

13. 为了保证灌浆料合格，我们要减少灌浆料所用的水分，这样减少水灰比增加强度。（ ）

14. 留置灌浆料应充分覆盖养护，保证湿度，并且在拆模之前

做好试件的基本信息和标识标记如：日期、水料比等信息、部位。（ ）

15. 遇到雨雪雾天气或风力大于6级时，可以吊装PC构件。（ ）

16. 起重工除持起重证外，还应经装业培训，熟悉工况，考试合格后上岗。（ ）

17. 预制叠合墙板安装时起吊应垂直平稳、吊绳与水平夹角不宜大于60度。（ ）

18. 现场构件靠放架堆放PC构件，使PC构件可以整齐堆放，堆放稳定，不易损害。（ ）

19. 灌浆料进场时，应对灌浆料拌合物30min流动度、泌水率及3d抗压强度、28d抗压强度、3h竖向膨胀率、24h与3h竖向膨胀率差值进行检验，同一成分、同一批号的灌浆料，不超过50t为一检验批。（ ）

20. 《钢筋套筒灌浆连接应用技术规程》JGJ 355—2015中规定灌浆施工时，环境温度应符合灌浆料产品使用说明书要求；环境温度低于－5°时不得施工。（ ）

# 中级工答案

## 一、单选题

| | | | | | | | | |
|---|---|---|---|---|---|---|---|---|
| 1. D | 2. B | 3. A | 4. D | 5. B | 6. B | 7. C | 8. C | 9. A |
| 10. B | 11. D | 12. B | 13. C | 14. B | 15. D | 16. C | 17. C | 18. A |
| 19. D | 20. B | 21. A | 22. D | 23. D | 24. B | 25. A | 26. C | 27. D |
| 28. B | 29. D | 30. B | 31. D | 32. D | 33. D | 34. C | 35. B | 36. B |
| 37. B | 38. B | 39. A | 40. A | 41. D | 42. B | 43. B | 44. D | 45. C |
| 46. B | 47. A | 48. A | 49. B | 50. B | 51. C | 52. D | 53. A | 54. C |
| 55. A | 56. B | 57. B | 58. C | 59. A | 60. A | 61. C | 62. A | 63. B |
| 64. A | 65. A | 66. B | 67. B | 68. D | 69. D | 70. C | 71. B | 72. D |
| 73. D | 74. C | 75. A | 76. B | 77. A | 78. D | 79. D | 80. C | |

## 二、判断题

| | | | | | | | |
|---|---|---|---|---|---|---|---|
| 1. × | 2. √ | 3. √ | 4. √ | 5. × | 6. √ | 7. √ | 8. √ |
| 9. × | 10. × | 11. √ | 12. √ | 13. × | 14. √ | 15. × | 16. √ |
| 17. × | 18. × | 19. √ | 20. × | | | | |

# 高级工试题

## 一、单选题

1. 对于较长储存期的预制构件为防止钢筋生锈错误做法的是（　）。

A. 垂直摆放预制构件做好排水工作

B. 用 PVC 泡沫棒堵住套筒的预留洞口

C. 用防锈油涂刷预留钢筋部分，做好防锈工作

D. 采用专用堵头堵住

2. 对于项目现场施工预制构件安装现浇层预留钢筋定位不准确导致不能安装的套筒连接用钢筋采取正确处理的方法是（　）。

A. 切除现浇钢筋采取化学植筋办法重新按预制构件套筒位置后植钢筋

B. 直接切除钢筋灌浆密实即可

C. 组织构件材料检查及深化图钢筋图检查错误来源与设计沟通重新设计做好变更制作构件

D. 加固临时支撑系统保留主要受力钢筋刨除套筒直接焊接完成

3. 对于竖向构件底部坐浆、套筒内逐个灌浆的施工工艺，常用的灌浆工具为（　）。

A. 胶枪　　B. 注射器

C. 漏斗　　D. 打气筒

4. 水平钢筋套筒灌浆连接，灌浆作业不符合规范要求的是（　）。

A. 采用压降法从灌浆套筒一侧灌浆孔注入，在另一侧出浆孔流出时应停止灌浆

B. 套筒灌浆孔、出浆孔应朝上

C. 灌满后浆面高于套筒内壁最高点

D. 使用过的灌浆料可以回收利用

5. 在检查中发现现浇钢筋的厂家与预制构件厂家用钢筋不一致正确做法是（　）。

A. 停止施工，退回预制构件重新按要求制作

B. 检查工艺检测内容中是否对不同钢筋做匹配性报告，根据报告结论决定

C. 现场截取钢筋送有关部门鉴定认证

D. 只要钢筋不同坚决不同意施工

6. 灌浆料拌合物留置抗压试块的尺寸为（　）。

A. 150mm×150mm×150mm　　B. 150mm×150mm×300mm

C. 70.7mm×70.7mm×70.7mm　　D. 40mm×40mm×160mm

7. 灌浆料宜在加水后（　）内用完。

A. 20　　B. 25

C. 30　　D. 45

8. 散落的灌浆料拌合物不得二次使用；剩余的拌合物（　）再次添加灌浆料、水后混合使用。

A. 不宜　　B. 可以

C. 不得　　D. 必须

9. 结合钢筋套筒灌浆连接的施工工艺，其灌浆方法主要分为（　）和手动逐个灌浆。

A. 机械连续灌浆　　B. 机械逐个灌浆

C. 手动连续灌浆　　D. 机械灌浆

10. 拌合用水采用清水并符合《混凝土用水标准》JGJ 63 的有关规定；加水量应按灌浆料的使用说明书的要求确定，并按重量计量灌浆料拌合物，应采用电动设备搅拌充分、均匀，并宜静置（　）min 将气泡排除后使用。

A. 1　　B. 2

C. 3　　　　D. 4

11. 钢筋连接用灌浆料搅拌完成后，不得再次加水。每工作班应检查灌浆料拌合物初始流动度不少于 1 次，且初始流动度≥300mm，30min 后的流动度≥（　）mm。

A. 290　　　　B. 280

C. 270　　　　D. 260

12. 灌浆操作全过程应有（　）负责旁站监督并及时形成施工质量检查记录。

A. 技术员　　　　B. 施工员

C. 兼职质检员　　　　D. 专职质检员

13. 水平缝联通腔分仓封缝；用不流动、不收缩的封缝坐浆料塞在构件水平缝下方，形成 30—40mm 宽的分仓隔墙；将长度较大的构件底面分成两部分或三部分，单仓最大尺寸不宜超过（　）m。

A. 0.5　　　　B. 1.0

C. 1.5　　　　D. 2.0

14. 灌浆套筒极服抗拉强度不小于其钢筋抗拉标准值（　）倍。

A. 1.0　　　　B. 1.20

C. 1.25　　　　D. 1.15

15.《钢筋套筒灌浆连接应用技术规程》JGJ 355—2015 要求：灌浆料进场时，应对灌浆料拌合物 30min 流动度、泌水率及（　）d 抗压强度、28d 抗压强度、3h 竖向膨胀率、24h 与 3h 竖向膨胀率差值进行检验。

A. 1　　　　B. 1 和 3

C. 7　　　　D. 3

16. 铸造灌浆套筒材料的抗拉强度需要检查球墨铸铁的那个指标（　）。

A. 布氏硬度　　　　B. 洛氏硬度

C. 球化率　　D. 球化率和硬度

17. 工程中应为特殊原因需要临时更换灌浆料厂家需要实验有（　）。

A. 工艺检测　　B. 工艺检测和形式检测

C. 型式检验　　D. 平行检测

18. 灌浆料使用前应检查产品包装上的（　）。

A. 有效期和外观　　B. 产品使用说明书

C. 注意事项　　D. 生产日期

19. 竖向连接灌浆施工的封堵顺序及时间尤为重要。封堵时间应以什么为准（　）。

A. 出浆孔有浆料流出时即可封堵

B. 当出浆孔连续均匀有气泡冒出时

C. 当出浆孔连续均匀无气泡冒出时

D. 当出浆孔连续均匀无气泡且成圆柱体冒出时

20. 灌浆施工时，环境温度不应低于5℃；当连接部位养护温度低于（　）℃时，应采取加热保温措施。

A. 5　　B. 10

C. 15　　D. 20

21. 制备灌浆料时为考虑灌浆料应由强度及工作性能保证的技术参数是（　）。

A. 水胶比　　B. 水灰比

C. 水料比　　D. 水泥用量

22. 灌浆料同条件养护试件抗压强度达到（　），方进行对接头有扰动的后续施工。

A. 20MPa　　B. 25MPa

C. 30MPa　　D. 35MPa

23. 实际承载力不小于被连接钢筋受拉承载力标准值（　）倍。

A. 1.0　　B. 1.20

C. 1.25　　D. 1.15

24. 夏季施工时由于水分蒸发快，水泥的水化速度快我们对灌浆料拌制工艺采取正确做法的是（　）。

A. 增大用水量抵抗水分的蒸发

B. 可以适当添加缓凝剂以保证连续施工

C. 降低水温，逐包搅拌迅速施工

D. 在打浆过程加入少量的水分保证浆体的流动度

25. 对竖向钢筋套筒灌浆连接，灌浆作业应采用（　）从灌浆套筒下灌浆孔注入，当灌浆料拌合物从构件其他灌浆孔、出浆孔流出后应及时封堵。

A. 压浆法　　B. 自流法

C. 倒灌法　　D. 植筋法

26. 下列不是灌浆时专用设备的（　）。

A. 高压输送管　　B. 气压罐体注浆机

C. 手动注浆器　　D. 螺旋式挤压注浆机

27. 灌浆高压输送管的连接口与注浆孔外观尺寸应符合（　）标准。

A. 2.5mm

B. 与灌浆套筒的外观尺寸匹配

C. 小于灌浆孔的尺寸可以完全塞入

D. 与预制构件预留灌浆孔最外端匹配

28. 下列哪种设备有利于满足灌浆过程中密实度（　）。

A. 气压罐体注浆机　　B. 螺旋式挤压注浆机

C. 手动注浆器　　D. 直接用漏斗灌入

29. 在设置灌浆作业半径中管道的长短制约着灌浆的效率，我们应如何合理的设置管道的长短（　）。

A. 越长越好，作业半径大，可以灵活操作

B. 越短越好，灌浆压力大，密实度好

C. 无所谓，只要能灌进去就行

D. 应通过试验，调整匹配的长度和变频，保证灌浆流速

30. 套筒原材验收合格率应控制在（  ）合格率，否则应加大抽检数量。

A. 100%　　B. 95%

C. 90%　　D. 97%

31. 灌浆作业完成后，气压力管道如何处理才专业（  ）并且能保证反复使用顺利作业。

A. 不需要任何处理

B. 用水反复冲洗

C. 用水冲洗后平放在地面即可

D. 用水反复冲洗后将管道挂起或垂直摆放再冲洗直至清水流出

32. 灌浆对场地环境的要求描述中正确的一项是（  ）。

A. 灌浆机体积小且可以任意移动对环境几乎没有要求

B. 干燥环境作业

C. 考虑电源方便，水源方便

D. 应认真读取灌浆作业手册及专项施工方案，结合厂方使用说明书科学作业

33. 初次使用灌浆机时需要检查灌浆机是否能够连续作业，我们一般采用什么方式测试（  ）。

A. 不用测试

B. 用浆料直接试验机器，先循环两个周期，在注浆

C. 用水打循环，循环水不需要处理，直接投料注浆

D. 用水湿润注浆机后排除多余的水分，再用流动度较大的浆料灌入并循环，不得使用润管的浆料

34. 补浆设备如何正确的使用（  ）。

A. 在正常情况下可以替代灌浆机

B. 灌浆设备没有使用的必要

C. 在灌浆半小时后观察出浆孔是否饱满，不饱满的可以手工

缓慢补将，注意留有缝隙排出空腔区域的气体

D. 直接用灌浆机高压补浆

35. 竖向构件的灌浆套筒是否堵塞专业的检查方式是（　）。

A. 高压气枪充气检查　　B. 灌水检查

C. 透光检测　　D. 目测

36. 预制墙板中灌浆套筒预埋位置和数量如何检查（　）。

A. 不用检查构件都是预制场提前检查好的

B. 参照图纸逐一检查填写检查表交付吊装安装

C. 根据要求抽样检测

D. 送样检测

37. 检查灌浆料有大量的结饼成团且袋装中大多数都这样应如何处理（　）。

A. 用公称直径为10mm的筛子筛出结饼成团继续使用

B. 坚决不能使用

C. 烘干后碾碎使用

D. 增加搅拌时间拌合均匀使用

38. 在JGJ 355的规定中作为能满足灌浆工艺要求的且有一定保证的孔道配置最合理的一项是（　）。

A. 灌浆孔+出浆孔　　B. 灌浆孔+出浆孔+溢浆孔

C. 灌浆孔+出浆孔+观察孔　　D. 灌浆孔+溢浆孔

39. 判定灌浆料强度是否合格应参考（　）试件，判定灌浆工艺强度是否合格应参考（　）试件，判定低温灌浆料应参考（　）试件。

A. 推荐水料比标准养护，施工水料比同条件，推荐水料比负温7天转同条件

B. 施工水料比标准养护，推荐水料比同条件，施工水料比负温7天转同条件

C. 推荐水料比标准养护，施工水料比同条件，施工水料比负温7天转同条件

D. 推荐水料比标准养护，推荐水料比同条件，推荐水料比负温 7 天转同条件

40. 灌浆料和注浆在工程施工中的先后顺序上有明显的差异，下面描述正确的是（ ）。

A. 先做坐浆料待有一定强度后，才进行灌浆

B. 先灌浆，后坐浆

C. 同一构件在施工上，灌浆和坐浆工序可以同时进行

D. 没有先后顺序，根据现场情况而定

41. 预制剪力墙保护层 25mm 分仓、封仓时坐浆层标准尺寸最合理的是（ ）。

A. 10mm × 10mm　　B. 25mm × 25mm

C. 30mm × 30mm　　D. 20mm × 20mm

42. 对于灌浆套筒下部仓道描述正确是（ ）。

A. 上面各个接触面应保持一定湿润状态，且仓低应做好清理工作保证没有灰层和杂物

B. 仓底和与预制构件的接触都应该平滑、干净

C. 在注浆前仓道里面需要灌满水保证潮湿，用灌浆的浆料浆多余的水分挤出出浆孔即可

D. 界面内侧防止漏浆用透明胶布贴起来

43. 下列哪种型式不是灌浆套筒用约束材料（ ）。

A. 铸铁和硬质钢材　　B. 金属波纹管和螺纹盲孔

C. 螺纹盲孔和预留插孔　　D. 塑料波纹管和 PVC 管

44. 若灌浆过程中发现有堵塞不通且不出浆的现象应更换备份的灌浆孔重新灌浆（ ）。

A. 其他出浆孔出浆就行

B. 相邻的出浆孔出浆

C. 直至上一个堵塞的孔道重新出浆为止

D. 备份的灌浆套筒出浆孔出浆

45. 若灌浆时出现多处堵塞，应（ ），检查排除堵塞后重新

安装并进行灌浆。

A. 吊起墙板冲洗灌浆套筒

B. 放弃灌浆

C. 继续用其他注浆孔反复灌浆

D. 用细小的钢筋掏

46. 灌浆机投料正确的做法是（　）。

A. 湿润灌浆机和管道后直接注浆

B. 潮湿灌浆机、和灌浆管道先注入少量的水，打通灌浆管道，再投入拌好的浆料

C. 灌浆机不出料直接加水调稀拌合物

D. 不需要浆润机的水料混合的部分全部排出管道后即可注浆

47. 下列做法错误的是（　）。

A. 为加速灌浆的速度可以在出浆孔逐一灌浆

B. 注浆时必须选择注浆孔注浆

C. 有观察孔的预制构件，可以在所有注浆孔和出浆孔堵塞后继续灌到观察孔溢浆

D. 高位补浆孔是有效利用微重力自补浆的措施

48. 灌浆机的调速的技术要求的说法不正确是（　）。

A. 适合的速度既有利于灌浆的密实，又有利于工作效率的提高

B. 灌浆机的速度和浆料的稠度、流动度没有关系

C. 在所有出浆孔出浆时采用慢速灌浆能保证浆料的密实，能有效的减少爆仓，避免灌浆失败

D. 灌浆操作是需要快慢速率使用得当

49. 灌浆施工密实度检查工作应在（　）时间内完成。

A. 灌浆料硬化后　　B. 30 分钟以内

C. 浆料还有一定流动度时　　D. 两个小时后

50. 灌浆施工密实度检查工作应使用什么工具（　）。

A. 细钢筋

B. 手电筒观察出浆孔浆料的饱满度

C. 用空压机打气

D. 用尺量

51. 建筑施工现场用于提醒人们对周围环境引起注意的标志是（　）。

A. 禁止标志　　B. 提示标志

C. 警告标志　　D. 指令标志

52. 起重吊运信号分不包括（　）。

A. 手势信号　　B. 旗语信号

C. 音响信号　　D. 口笛信号

53. 在施工中发生危及人身安全的紧急情况时，作业人员有权（　）或者在采取必要的应急措施后撤离危险区域。

A. 立即停止作业　　B. 先把手头的事情做完

C. 冒险也要把作业完成　　D. 听之任之

54. 起落重物时，重物下方严禁（　）。

A. 堆物　　B. 视线不清

C. 站人　　D. 积水

55. 凡在坠落高度基准面（　）m 及以上，有可能坠落的高处进行作业，均称高处作业。

A. 2.0　　B. 3.0

C. 4.0　　D. 5.0

56. 吊运重物起吊时，必须先将重物吊离地面（　）m 左右，确定制动、物料捆扎等无问题后，方可按照指挥信号操作。

A. 0.3　　B. 0.5

C. 1　　D. 1.2

57. 表示“吊钩微微上升”，指挥人员应做出（　）信号动作。

A. 小臂向侧上方伸直，五指自然伸开，高于肩部，以腕部为轴转动

B. 手臂伸向侧下方，与身体夹角均为30°，手心向下，以腕部为轴，重复向下摆动手掌

C. 小臂伸向侧前上方，手心朝上高于肩部，以腕部为轴，重复向上摆动手掌

D. 双小臂曲起，伸向一侧，五指伸直，手心相对，其间距与负载所要移动的距离接近

58. 起重同一重物时（　）将钢丝绳和链条等混合同时使用于捆扎或重物。

A. 可以　　B. 允许

C. 不得　　D. 不宜

59. 塔式起重机正常使用时，（　）要检查连接螺栓。

A. 每班　　B. 每3天

C. 每周　　D. 每月

60. 起重机作业时，当风速较大时，易引起起重机失稳，当风力大于（　）级时起重机应停止作业。

A. 4　　B. 6

C. 8　　D. 10

61. 安全技术交底应有书面材料，并有（　）。

A. 双方的签字　　B. 交底日期

C. A和B　　D. 安全员签字和交底日期

62. QTZ630A塔式起重机型号中630是表示（　）。

A. 额定起重力矩630kNm　　B. 最大起重量6.3t

C. 最大幅度63m　　D. 额定起重量6.3t

63. 起重机吊钩的吊点应与吊物重心在同一条（　）上使吊物处于稳定平衡状态。

A. 水平线　　B. 铅垂线

C. 曲线　　D. 斜线

64. 对灌浆套筒外观尺寸进行验收用（　）精度为（　）；对机械连接连接螺纹才用（　）精度为（　）的量具进行测量。

A. 游标卡尺、0. 01；丝规、0. 02

B. 直尺、0. 1；游标卡尺、0. 02

C. 游标卡尺、0. 02；丝规、0. 02

D. 直尺、0. 01；游标卡尺、0. 01

65. 相同状况下，4 倍率吊钩的起升速度是 2 倍率吊钩起升速度的（　）倍。

A. 0. 5　　B. 1

C. 2　　D. 4

66. 装配式建筑预制构件起吊时，绳索与件水平面所成夹角不宜小于（　），当小于（　），应经过验算或采用平衡钢梁起吊。

A. 45°　　B. 30°

C. 60°　　D. 90°

67. 下列哪项是错误的做法（　）。

A. 起重吊装所用之钢丝绳，不准触及有电线路和电焊搭铁线，或与坚硬物体磨擦

B. 操作人员在楼层内进行操作，在吊升过程中，非操作人员可以在操作架上走动与施工

C. 预制装配式混凝土结构施工和管理人员，进入现场必须遵守安全生产六大纪律

D. 安全防护采用操作架时，操作架要逐次安装与提升，不准交叉作业

68. 下方图中存在的安全隐患是（　）。

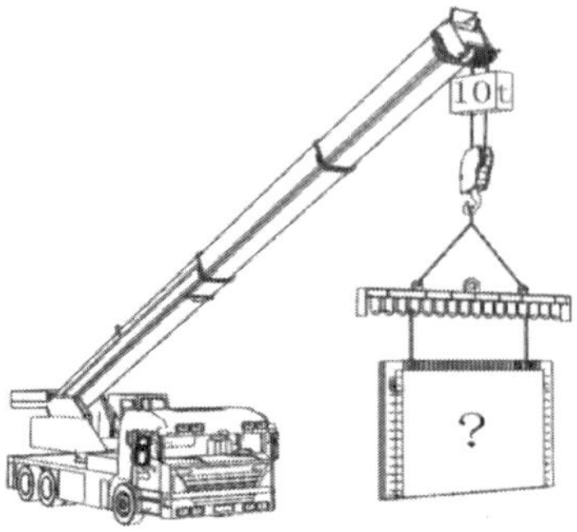

A. 不应使用汽车吊　　B. 起吊物下方有人

C. 起吊物上有搁置浮物　　D. 起吊物体重量不明

69. 下列工具哪一项与预制构件吊装无关（　）。

A. 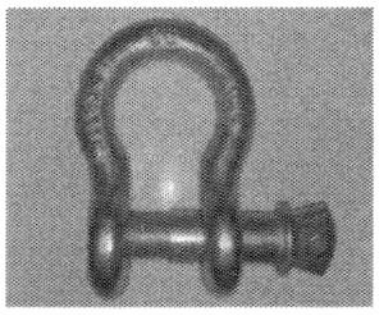

B. 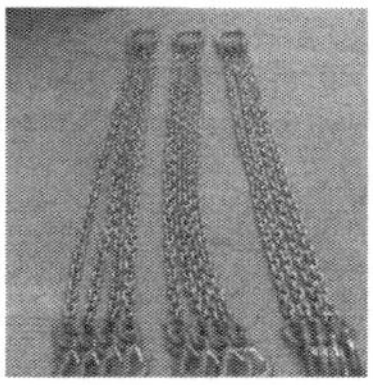

C. 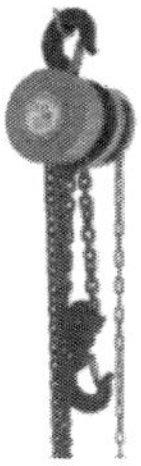

D. 

70. 下列描述正确的是（　）。

A. 吊装时只需要有统一的指挥，信号可以不统一

B. 吊装时只需要统一的信号，不需要统一的指挥

C. 吊装时必须有统一的指挥、统一的信号

D. 吊装时不需要统一的指挥和信号

71. 吊装时吊索的直径和长度要根据（　）确定。

A. 费用多少

B. 吊装构件重量和吊装构件的吊点位置

C. 吊装构件重量

D. 构件的体积

72. 吊装的钢丝绳一般宜选用（　）。

A. 6×91+1　　B. 6×37+1

C. 6×61+1　　D. 6×19+1

73. 吊装安全系数一般取（　）。

A. 1~2　　B. 2~3

C. 3~4　　D. 6~7

74. 卸扣的大小应予吊索相配，选择卸扣时要考虑（　）。

A. 卸扣等于或大于吊索　B. 卸扣小于吊索

C. 可以随意选择　D. 考虑经济性

75. PC 构件的吊装过程中，用来完成构件卸车时翻转和构件吊装时水平调整的工具是（　）。

A. 手拉葫芦　B. 卸扣

C. 吊索　D. 钢横梁

76. 吊装所用的手拉葫芦手力一般为（　）吨即可。

A. 1　B. 3

C. 0.5　D. 2

77. PC 构件吊装时，手拉葫芦的受力应（　）。

A. 大于所配吊索　B. 小于所配吊索

C. 等于所配吊索　D. 与吊索无关

78. 所吊的 PC 构件，在什么情况下可以松绳脱钩（　）。

A. PC 构件校正完成后即可松绳脱钩

B. PC 构件焊牢后即可松绳脱钩

C. PC 构件固定后即可松绳脱钩

D. 完成构件校正，焊牢和固定，吊装指挥人员检查确认后，即可松绳脱钩

79. 下列描述正确的是（　）。

A. 吊装时只需要有统一的指挥，信号可不统一

B. 吊装时只需要统一的信号，不需要统一的指挥

C. 吊装时必须有同意的指挥、统一的信号

D. 吊装时不需要统一的指挥和信号

80. 下列哪项时错误的做法（　）。

A. 起重吊装所用之钢丝绳，不准触及有电线路和电焊搭铁线

B. 吊升过程中，非操作人员可以在操作架上走动

C. 施工人员进入现场必须遵守安全生产六大纪律

D. 安全防护操作架要逐次安装与提升，不准交叉作业

81. 下列描述正确的是（　）。

A. 吊运 PC 构件时，下方站人

B. 在高空作业吊装时，工人攀爬柱、墙钢筋

C. 起吊墙板件，中途长时间悬吊、停滞

D. PC 外墙吊装时，操作人员站在楼层内，佩戴穿芯自锁保险带并与楼面内预埋件（点）扣牢

82. 吊运 PC 构件时，下方禁止站人，必须待吊物降落离地（　）m 以内，方准靠近，就为固定后，方可摘钩。

A. 5　　B. 7

C. 1　　D. 2

## 二、判断题

1. 在预制墙板吊装前应对结合面进行凿毛处理并洒水阴湿。（　）

2. 预制构件吊装前需要进一步检验套筒内部的通透性。（　）

3. 采用底部坐浆，套筒内逐个灌浆的施工工艺进行施工时，从灌浆孔灌浆，待浆料从出浆孔稍稍流出时即封闭出浆孔。（　）

4. 灌浆料的初始流动度不宜大于 260mm。（　）

5. 拌制灌浆料时严格按照其产品说明书进行拌制。（　）

6. 灌浆料拌合物应采用电动设备搅拌充分、均匀，并宜静置 2min 后使用。（　）

7. 采用底部坐浆，套筒内逐个注浆的施工工艺时对灌浆套筒与钢筋之间的缝隙可不采取封闭措施。（　）

8. 每工作班组应检查灌浆料拌合物初始流动度不少于 1 次。（　）

9. 灌浆料宜在加水后 30min 内用完。（　）

10. 搅拌完成后可以再加水。（　）

11. 加水量应按灌浆量使用说明书的要求确定，并应按重量计量。（　）

12. 灌浆料每次施工应具备三组灌浆料试件，每组试件分别为三个，一组用于标准养护，一组用于同条件扰动强度确定，一组用于同条件检测。（　）

13. 灌浆料制备之前需要用平整的模板作为流动平台，测试流动度。（　）

14. 流动度试验应送检相关检测单位，施工现场由于条件有限不必检测。（　）

15. 灌浆料测量流动度应待浆料流动平稳后测量最大直径。（　）

16. 灌浆料试验中与浆料接触的任何器具都应该保持潮湿状态，以避免试验的误差。（　）

17. 为保证灌浆料的强度符合现场条件与现场一致，所有的同条件试件都应该和灌浆套筒施工现场一样的养护条件。（　）

18. 为了保证灌浆料合格，我们要减少灌浆料所用的水分，这样减少水灰比增加强度。（　）

19. 批量灌浆套筒进厂时，应抽取灌浆套筒检验外观质量和尺寸偏差，同一批号、同一类型、同一规格的灌浆套筒，1000 个灌浆套筒为一个验收批。（　）

20. 钢筋套筒灌浆连接接头的抗拉连接强度不宜小于连接钢筋抗压强度标准值，且破坏时应断于接头外钢筋。（　）

# 高级工答案

## 一、单选题

1. C 2. C 3. A 4. D 5. B 6. B 7. C 8. C 9. A
10. B 11. D 12. D 13. C 14. D 15. D 16. D 17. B 18. A
19. D 20. B 21. C 22. D 23. C 24. C 25. A 26. C 27. D
28. B 29. D 30. D 31. D 32. D 33. D 34. C 35. C 36. B
37. B 38. B 39. C 40. A 41. D 42. A 43. D 44. C 45. A
46. B 47. A 48. B 49. B 50. B 51. C 52. D 53. A 54. C
55. A 56. B 57. C 58. C 59. A 60. B 61. C 62. A 63. B
64. C 65. A 66. A 67. B 68. D 69. D 70. C 71. B 72. D
73. D 74. A 75. A 76. B 77. A 78. D 79. C 80. B 81. D
82. C

## 二、判断题

1. √ 2. √ 3. × 4. × 5. √ 6. √ 7. × 8. √
9. √ 10. × 11. √ 12. √ 13. × 14. × 15. × 16. √
17. √ 18. × 19. √ 20. ×